市民がつくった電力会社

ドイツ シェーナウの草の根エネルギー革命

田口理穂

大月書店

はじめに

２０１１年3月11日の東京電力福島第一原発の事故は、ドイツにも大きな影響を及ぼしました。何十万人の市民が反原発デモに参加し、事故から3カ月後、ドイツ政府は原発維持を翻し、２０２２年までの脱原発を決定しました。

南ドイツのシュバルツバルトと呼ばれる地方に、シェーナウという小さな街があります。シュバルツが「黒」、バルトが「森」で、文字どおり「黒い森」という意味。その名のとおり、このあたりは深い緑に包まれ、空気の澄んだ美しいところです。夏はハイキング、冬はスキーが楽しめ、「空気の保養地」として認定されている市町村がたくさんあります。フランスとスイスとに国境を接することから、多文化の影響を受けています。

シェーナウはドイツの南西の端っこに位置し、私の住む北ドイツのハノーファーから６００キロ離れています。ドイツ版新幹線のＩＣＥで5時間かけてフライブルクまで行き、そこからまたバスで2時間ほど走ります。バスは2時間に１本しかなく、山のあいだの細い道をくねくね走っていきます。道の両側には針葉樹がそびえ、日本の風景と少し似ていますが、ところどころに見える三角屋根の家々が、ドイツであることを思い出させます。こぢんまりした建物が点在し、自然のなかで人々が生活していることがわかります。

シェーナウ市は人口2500人ほど。ここには有名なものがふたつあります。ひとつは、サッカーのドイツ代表監督ヨアヒム・レーヴ。シェーナウ市で生まれ、国内外のサッカーチームで選手として活躍したあと、2006年よりドイツ代表監督となっています。サッカーファンなら、愛称「ヨギ」のりりしい横顔を知っている人も多いでしょう。そしてもうひとつが、シェーナウ電力会社です。チェルノブイリの原発事故をきっかけにした反原発運動から発展した会社で、15年前から自然エネルギーを供給しています。このふたつは、いまではドイツ国内はもちろん、世界でも知られるようになりました。

この本では、このシェーナウ電力会社について書きたいと思います。市民運動から電力会社となった稀有な企業です。自らを「社会的企業」と称し、脱原発をめざし、電力市場への市民参加を促し、再生可能エネルギーを推進。一般の電力会社とは明確に一線を画しています。

私がはじめてシェーナウ電力会社を訪れたのは2002年のことでした。日本の環境団体の視察に同行し、この会社の中心人物ともいえるスラーデク夫妻とお会いしました。ひげを揺らして豪快に笑う夫のミヒャエルさん、にこにこしながらも芯の強さを感じさせる妻のウルズラさん。お二人は市民運動を始めたころからのメンバーで、経営に携わっています。シェーナウ電力会社は組合制による会社で、ミヒャエルさんはオーナー会の代表でもあります。

二人はとてもフレンドリーで会話が弾みました。信念に基づいて熱心に活動しているようすが何より心に響きました。お二人と知り合えば、誰でも応援したくなるでしょう。人を惹きつける魅力があるのです。ウルズラさんは「夫は医者だから、私は収入はいらないのよ」と、すごい仕事量なのにボランティアで生き生きと働いていました。会社での活動が、信念と一致しているのが伝わってきました。

ドイツ広しといえども、反原発運動から電力会社に発展したのはここだけです。1986年にチェルノブイリ原発の事故があり、将来に不安をもつ市民有志が集まったのがきっかけです。当時5人の子どもを持つ主婦だったウルズラ・スラーデクさんを筆頭に、教師や技師、警察官、医師、主婦たちで、電力関係者はひとりもいませんでした。この市民グループ「原子力のない未来のための親の会」から発展し、市ではじめての市民投票や、大手電力会社との長きにわたる確執を経て、シェーナウ電力会社を設立。1997年より電力供給を始めました。

メンバーたちはボランティアでずっと活動を続けてきたので、はじめて有給の社員が生まれたのは電力供給開始の3カ月前とのこと。ドイツで98年に電力市場が自由化される以前のことで、当初社員3人、顧客数は1700でしたが、現在は社員約80人、顧客数13万5000を誇ります。

シェーナウ電力会社をつくったメンバーは、そもそも電力会社をつくろうと思っていたわけではありません。チェルノブイリの事故を通して「政府や電力会社は何もしてくれない。このままでは原子力のない社会は望めない」と悟ったのがきっかけでした。「すべての原発を停め、100%再生可能エネルギーにする」というビジョンがあっただけ。それが、結果的に会社設立に行きついたのです。

「当初は誰もが、失敗するからやめたほうがいいと言いました。でも、成功するとわかっていたから始めました。そして本当に成功したのです」と話すウルズラさんは今年66歳。現在はボランティアではなく、有給の役員としてばりばり働いています。講演会やワークショップで発表するなどドイツ各地を飛びまわり、自然エネルギーを推進する人たちに勇気を与えています。とても孫が9人いるようには見えません。

「日本ではまだまだ省エネの余地があります。電力が自由化されていなくても、電力市場を変えるために、日本でできることはあります」と話すウルズラさん。日本でも家庭向け電力市場の自由化や、再生可能エネルギー買い取りの義務化が始まっていますが、その先駆者であるドイツではどのような試みがおこなわれてきたのか。シェーナウ電力会社のなりたちとともにレポートします。

［凡例］

・文中に登場する人物の肩書き等は当時のものです。敬称は一部略しました。

・ドイツの通貨は１９９８年までマルク（１マルク＝１００ペニヒ）、99年からはユーロ（１ユーロ＝１００セント）です。円への換算レートは、実際には時代ごとの変動がありますが、比較しやすくするために１マルク＝60円、１ユーロ＝１００円としました。

・電力の単位は、１ギガワット＝１０００メガワット＝１００万キロワットです。

市民がつくった電力会社　目次

第1章
福島原発の事故とドイツへの影響

2011年4月25日、グローンデ原発でのデモ

ドイツの原発の位置

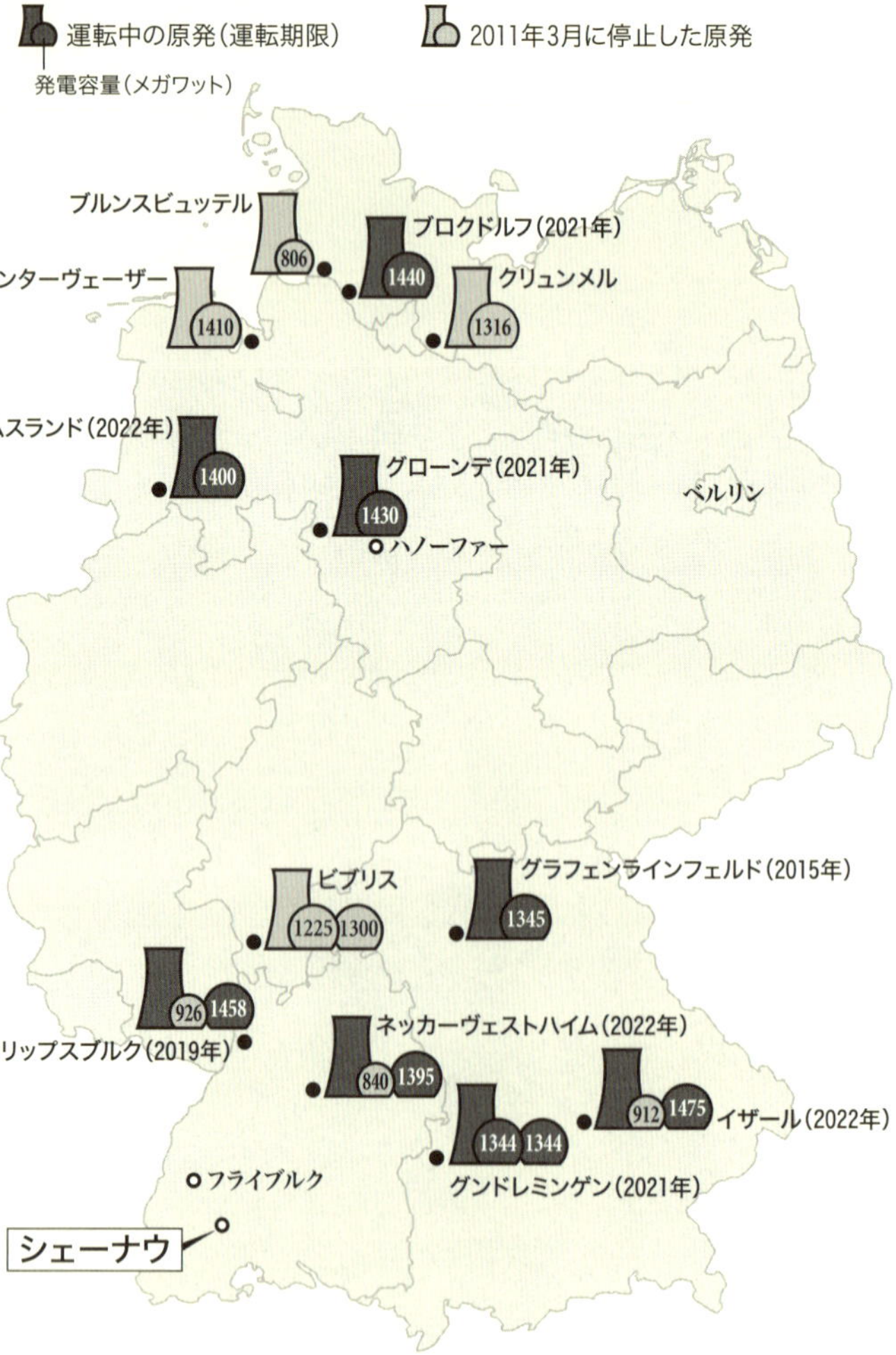

（出典）Wikipediaより“Kernkraftwerke in Deutschland”（作成：Lencer）およびグリーンピース・ドイツの資料をもとに作図。2011年より前に運転を終了したものは省略した。

チェルノブイリ原発事故から25年

２０１１年４月25日月曜日、ドイツ各地12の原子力発電所の前で反原発デモがおこなわれた。福島第一原発で事故が起こってから１カ月半後のことだ。この日は復活祭による祝日で、１９８６年４月26日のチェルノブイリ原発事故からちょうど25年。私も北ドイツのグローンデ原子力発電所に出かけた。自宅から42キロしか離れていないから、事故が起これば他人事ではない。

グローンデ原子力発電所は、「ハーメルンの笛吹き男」で知られるハーメルン郊外の、のどかな田園地帯に位置する。加圧水型原子炉で１４３０メガワット（１４３万キロワット）の発電容量を誇り、83％の株式を保有するイーオン社によると「世界でもトップ10に入る生産的な原発」であるという。

ドイツ鉄道はデモ参加者向けに臨時列車を用意したが、列車は満員だった。若者や家族連れ、年配者など幅広い層、約１万人がやってきた。大半は列車で来て、駅から原発までの田舎道を約３キロ歩いた。人々は思い思いに太鼓を鳴らしたり、プラカードを掲げたりしている。反原発の飾り付けを施したトラクターが70台勢ぞろいした。

日差しは穏やかで、駅からの道のりにはよく手入れされた家が建ち並ぶ。何人かが窓から顔

グローンデ原発に向かうデモ参加者（2011年4月25日）

を出して、何ごとかと行列を見ている。乳母車を押して散歩する夫婦とすれ違った。ドイツ政府の調査によると、原発から5キロ圏内に住む子どもの白血病発症率は、通常の倍以上だという。ここに住む人たちは普通に生活しながら危険にさらされているのだと思った。この調査については第5章で触れる。

デモといっても平和的なものだ。午後の日差しのなか、風にたなびく冷却塔からの煙を眺めながら、原発周辺で寝転がっていただけ。原発に隣接するウェーザー川では、ボートに乗る参加者の姿も見られた。警察官も大勢いたが、原発周辺で柵にもたれて人々を見守っている。原発前の道路に設けられた舞台からはスピーチや音楽が聞こえ、子どものコーラスや太鼓の演奏もあった。ボール遊びをする家族や、トランプをする若者グループもおり、いつもなら公園に出かけるところが、たまたまこの野っ原に集まったという雰囲気だった。同原発周辺でこのような大規模デモは1977年の建設当時以来だという。当時は2万人が参加し、警察による催涙ガスの使用や放水がおこなわれた。しかし建設は進められ、84年から稼動となった。

この日だけで、ドイツ全土で10万人以上がデモに参加した。事故がなければ、チェルノブイリ25周年とはいえ、こんなにたくさんの参加はなかっただろう。福島第一原発の事故は、各国のなかでも、とくにドイツにもっとも大きな影響を及ぼしたといわれる。事故直後から何十万人もの人がデモに繰り出し、州議会選挙では原発推進の現与党が得票を減らした。事故3カ月

グローンデ原発周辺でのデモ（2011年4月25日）

後に、政府が2022年の脱原発を決めたのも、このような下からの圧力が大きかったためだ。

国民が望んだ脱原発

福島原発で事故が起こったとき、ドイツでは17基の原発が稼動し、電力の2割強をまかなっていた。国産の石炭は単価が高いため競争力がなく、ウラン、石油、天然ガスを輸入に頼るドイツでは、風力や水力、太陽光、地熱などの再生可能エネルギーを推進している。2011年に自然エネルギーの占める割合は20％、原子力は18％だった。エネルギーコストは概して高い。1991年には「電力供給法」により再生可能エネルギーの買い取りが義務化され、2000年の「再生可能エネルギー法」により自然エネルギーを固定価格で買い取ることが定められた。20年間の固定価格により、採算が合うことが保証されたため、再生可能エネルギーは投資の対象となった。ソーラーパネルを各家庭が自宅の屋根に設置したり、生徒や親が学校に、企業が自社ビルに設置する例も見られた。市民団体が風力発電の出資を募って共同建設したり、農家数軒が一緒にバイオマス施設を造るなど、分散型のエネルギー生産が各地で始まった。「10万の屋根プログラム」など、国や自治体による推進プロジェクトも成果を上げた。

98年より電力市場は自由化されており、人々は電力会社を選べる。インターネットには電力料金比較のサイトがあり、各社を比較するのも簡単だ。郵便番号を入れると、その地域に電力供給している会社の一覧が出てくる。全国には1000ほど供給会社があるが、各地域ではそのうち150から200の会社のなかから選んで電力を購入することになる。電力会社の乗り換えは簡単で、新しい会社で購入手続きをすれば、新会社がこれまでの会社の契約解除も請け負ってくれる。2012年から、2週間の猶予期間で電力会社を乗り換えることができるようになった。

「福島原発事故の影響で、ドイツは2022年の脱原発を決めた」といわれているが、厳密にいうとすでに2000年に、労働層の支持が高い社会民主党(SPD)と環境政策に重点を置く緑の党の連立政権が、2022年の脱原発を決定していた。しかし政権交代があり、保守のキリスト教民主同盟(CDU)と自由民主党(FDP)の連立政権は2010年秋に原発の稼動延長を決めた。旧型の原子炉は8年、新型は14年稼動期間を延長するというもので、脱原発の延期である。福島原発の事故の半年前のことで、これは原発を保有する企業の悲願だった。当時も多くの反原発運動が各地で起こったが、法案は可決された。

しかし福島原発の事故の3日後、アンゲラ・メルケル首相(CDU)はすべての原発の点検と、半年前に決定したばかりの稼動期間延長の3カ月間のモラトリアム(執行猶予)を発表した。15日には、旧型原発など8基の暫定的停止を決定し、うち2基を即永久停止とした。

国民の反応も早く、事故から3日後の3月14日には全国450以上の都市で一斉デモが起こった。21日には全国600カ所で11万人が反原発デモに参加し、26日には21万人が、ベルリンなど4都市での大規模デモに出かけた。4月26日はチェルノブイリの事故から25年とあって、以前から前日の25日に各地の原発周辺で反原発デモが計画されていたが、福島の事故を受けて予想以上の人出となった。

政府は福島事故の直前まで原発は安全だと太鼓判を押していたにもかかわらず、事故後すぐ暫定停止をしたため、かえって不信感を招いた。野党からも、州議会選挙を控えてのポーズにすぎないと批判が集中した。結局、南ドイツのバーデンヴュルテンベルク州議会選挙では保守派で原発推進のCDUが負け、与党の座を58年ぶりに降りることになった。代わりに、ドイツではじめて緑の党の州首相が誕生した。ブレーメンなど他の州議会選挙でも与党は得票を減らした。とくにFDPは大敗して一議席もとれない州もあるなど、現政権の求心力が非常に低下していることを示した。緑の党はこれまでになく躍進した。同年夏のアンケートによると、ドイツ人の8割以上が脱原発を望んでいた。

ドイツでは1957年から2004年にかけて、研究用と商業用を合わせて約110基の原子炉が建設・稼動された。商業用は62年に稼動を開始したカール原発を最初に約40基が稼動したが、他に建設半ばに頓挫したものや、完成したものの使用されなかったものがいくつもある。

福島原発事故から1年の2012年3月11日、ハノーファーでのデモ。
あちこちに「原子力？　おことわり」の旗がはためく

チェルノブイリ事故以降、新たに計画された商業用原子炉はなく、すでに建設中だったグライフスヴァルト原発が89年に稼動を始めたのが最後となる。

緑の党は30年以上前から脱原発を推進しており、２０００年の脱原発決定のさい与党として大きな役割を果たした。しかし当時から、政権交代により脱原発案は覆されるのではないかと危惧されていた。２０１０年秋の稼動延長はその予想が当たっていたことを示すが、福島原発の事故が軌道修正を迫ったことになる。福島原発の事故により、「脱原発」という国民の総意が確立され、政府はそれを無視できなくなったのである。

くりかえされた悲劇

ドイツの反原発運動は１９６０年代からあったが、その後一時下火に。そして86年のチェルノブイリ原発事故をきっかけに激しく再燃した。ドイツでも農作物や牛乳から放射能が検出され、多くの人を不安に陥れた。とくにウルズラ・スラーデクのように子どもを持つ母親の心配は大きかった。チェルノブイリ以降は、カルカー原発のように建設されたにもかかわらず、安全性を満たしていないとして稼動されなかったものもある。

今回の福島の事故で、多くのドイツ人の胸に、チェルノブイリで味わった恐怖感がふたたびよみがえった。黄色をバックに赤い太陽が微笑む「原子力？ おことわり」のマークが、店頭やベランダ、自家用車などあちこちで見られるようになった。

ドイツのメディアは連日、福島について報道した。ドイツの反応は世界のなかでもっとも極端だったともいわれる。ドイツ大使館は日本に滞在中の自国民に避難を促し、ドイツの企業は早々に社員を日本から引き揚げ、ルフトハンザ航空は東京就航をとりやめ、ドイツのテレビ局は東京から大阪に事務所を移した。ドイツ国内でも、放射線測定器が売り切れ、放射能の拡散のようすや放射線量が詳細に発表された。一方、日本人がパニックや暴動におちいらず、落ち着いたようすで事態を受け入れていることに賛嘆の声があがった。水や食べ物の配給に長い列を作り、身内を失ったにもかかわらず他の人を助けるといった日本人の精神を評価する論調が多かった。

反面、日本政府の対応が遅いこと、「ただちに影響はない」をくりかえして正確な情報を提供しないことを「チェルノブイリのときと同じだ」と痛烈に批判した。チェルノブイリのときのソ連政府や東西ドイツ政府の対応への不信感も下敷きになっているのだろう。１５００キロ以上離れているのに放射能が検出されたこと、その恐怖感をドイツ人はすぐさま思い出した。そして日本の被災者に思いをはせ、胸を痛めている。

南ドイツのフライブルクやシェーナウ周辺で反原発運動が盛んなのは、川向こうのフランスにも原発があり、チェルノブイリのときの放射能がいまだに野生のキノコやイノシシから検出されるためだ。

チェルノブイリ事故により原発の危険性を切実に感じたシェーナウの市民たちが、どのような活動を展開したのか、どうやってさまざまな困難をのりこえ、ついには自ら電力会社を設立するに至ったか。次章で紹介したい。

COLUMN

街のあちこちに「原子力? おことわり」——フクシマも登場

福島の事故を受け、ドイツの街のそこここで「原子力? おことわり」のマークを見かけるようになった。黄色を背景に、赤い太陽がにっこり笑っているもの。アパートの窓ガラスやベランダをはじめ、自転車や車、ベビーカーに貼っている人もいる。よく知られた原子力反対のシンボルなのだが、チェルノブイリ以来のブームだ。

2011年3月の福島原発の事故を受け、ドイツでは各地で頻繁に反原発デモが開かれた。そのときに引っぱりだことなったのが、この「原子力? おことわり」のモチーフ。ステッカーやバッジはもちろん、旗やTシャツ、エコバッグなどさまざま。デモ以外でも、店舗のショーウインドウにさりげなく飾ったり、手帳やカバンに貼っている人もいる。反原発運動家だけでなく、一般市民がこぞって買い求め、一時品不足となったほどだ。

私の住むハノーファーでも、デモのたびに何百という旗がはためき、圧巻だ。シールもよく見かける。駅の裏の広場には、最終処分場ゴアレーベンへの核廃棄物搬入に反対する運動の記念として、大きな石にこのマークが描かれている(162ページ参照)。

このマークは1975年、当時22歳だったデンマークの女子学生アンネ・ルンドが描いた

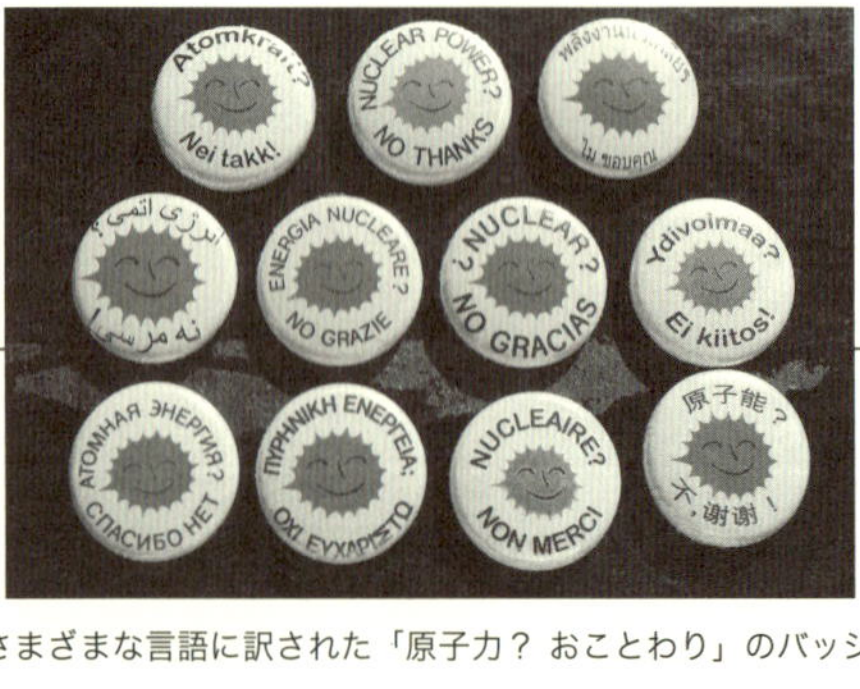

さまざまな言語に訳された「原子力? おことわり」のバッジ

もの。オリジナルはデンマーク語で、5月1日の催し用に500個のバッジを作ったのが始まりだった。それがヨーロッパ各国に広まった理由は主に三つ。

・デモや反原発運動というと、どうしても深刻なイメージがある。しかしこのマークは「原子力？」と質問になっている。そして「おことわり」という返答だが、正確には「ナイン ダンケ」すなわちノーサンキューという意味。ていねいな答えとなっているため、フレンドリーなイメージをかもし出している。

・太陽が、原子力の代替を示唆している。

・一目で意味がわかる絵柄とロゴ。

1977年ですでに16カ国、100万個以上のバッジが作られたという。当時の著作権はデンマークの反原発運動団体にあり、のちに財団に譲渡された。環境団体などがロゴを使用する場合、この財団に著作権使用料を払わなければいけない。この使用料は、反原発運動に投資される。現在では45以上の言語に翻訳され、世界中で使われているという。

福島原発事故をきっかけに、新しいマークも登場。「フクシマは警告する。すべての原発を停止せよ」と書かれ、黒を背景に、黄色い顔が戸惑ったような表情をしている。

「フクシマは警告する」のバッジ

第2章
市民運動から電力会社設立へ

シェーナウ市中心に建つマリエヒンメルファート教会

シェーナウ市は南ドイツのいわゆる黒い森（シュバルツバルト）の中にある小さな街だ。スイスとフランスの国境がほど近い。街は山あいの谷間に細長く伸びており、人口は約２５００人である。カトリック色が強く、保守政党であるキリスト教民主同盟（ＣＤＵ）が支持を得ている。市の８割は森林で、「空気の保養地」として知られる。落ち着いた地方の街という雰囲気だ。街中心部の広場は石畳で、12世紀に歴史をもつマリエヒンメルファート教会が美しい。90メートルある塔の上では鐘が時を刻んでいる。周辺にも古い建物が残っており、中世を偲《しの》ばせる。緑豊かで、自然散策やクロスカントリーなどが年中楽しめる。

一方、ブラシ会社やバイクのモーター製造工場をはじめ、裁判所や病院、ギムナジウム（大学入学資格の取れる中高一貫高）もあるなど、この規模の自治体としては何でもそろっている。

シェーナウの北30キロには、「環境首都」として日本でも知られるフライブルクがある。同市（人口22万人）は１９９２年、ドイツ環境支援協会による自治体コンクール「自然・環境保護における連邦首都」により「環境首都」と認定された。シェーナウやフライブルクなど、このあたりはもともと反原発運動が盛んだ。70年代、スイス、フランスやドイツなど各国が、国境近くに原発を建設しようとした。国境沿いに立てられた原発で万一事故が起こると、風向きによっては隣国のほうが被害が大きくなる。しかし隣国の住民にその決定にかかわる術はなく、市民が声をあげるほかなかった。結果としてドイツのヴィール原発建設を阻止するなど、ヨーロッパでもっとも反原発運動が盛り上がった地域である。酸性雨による森林破壊から自然保護運動も盛んで、ドイツ環境自然保護連盟（ＢＵＮＤ）が熱心に活動している。

きっかけはチェルノブイリ原発の事故

１９８６年４月26日土曜日、ソ連のチェルノブイリ原子力発電所で事故があった。それがすべての始まりだった。

27日の午後遅くにドイツ（当時は西ドイツ）で「ソ連の原発で事故があったらしい」との報道が流れた。フィンランドやスウェーデンで、大気中の放射性物質が検出されたのだ。そのときウルズラ・スラーデクはスキーで足を折り、自宅で休養していた。ウルズラは小学校教師だったが、５人の子どもを抱えて当時は専業主婦をしていた。夫のミヒャエルは医者として、放射能の害については学んだことがあったが、実生活には縁のないものだった。

28日に、事故を起こしたのが「チェルノブイリ原発」だと明らかにされたが、29日になってもテレビでは事故の詳細がはっきりしない。シェーナウは1600キロ離れているが、大丈夫だろうか。ソ連政府は30日にはじめて事故が起こったことを認め、5月1日にはドイツ環境省が、ヨウ素131、セシウム134と137が国内で検出されたと公表した。こうして、原発事故をきっかけに、突然「原発」や「放射能」という言葉が生活のなかに入ってきた。

ここで、テレビ局「アルテ」の制作したドキュメンタリーを見てみよう。アルテはフランスとドイツが共同で運営しているテレビ局で、ルポルタージュや映画を制作している。2009年に作られた『雲――チェルノブイリとその後』を見ると、チェルノブイリ事故当時のドイツの反応がよくわかる。

ドイツは緯度がシベリア並みと高いため、冬は長く暗い。そのため人々は春の訪れを心待ちにしている。ところが5月のこの晴天のなか、放射能が空中に舞っていれば子どもを外で遊ばせるわけにはいかない。とくに母親たちは事態を深刻に受けとめた。「子どもを外に出していいのか」「何を食べればいいのか」「空気は大丈夫か」……人々はいちいち選択を迫られたが、正確な情報は得られなかった。街では、事故以前にパックされた長期保存可能な牛乳に人々が殺到し、チェルノブイリから少しでも遠くで生産された食べ物や缶詰を求める人であふれた。

ニュースでは「原発事故のことを知らずに、子どもを外で遊ばせていた」と憤る母親たちの声が放送された。

放射線測定を担当していたドイツ気象庁では、問い合わせの電話が鳴りやまない。しかし内務省より、気象庁から情報を出さないよう通達がきた。テレビの記者会見でフリードリヒ・ツィマーマン内務大臣(当時)は「私たちはデータを把握しており、状況はコントロール下にある。私たちに危険はない」と断言し、パニックを収めようとした。

国民からはドイツの原発も事故のおそれがあるのではないかとの声があがったが、ドイツ国内の原発の安全性に関しても問題はないとした。「チェルノブイリ原発の冷却システムはひとつ、ドイツのは四つ。だから4倍安全だ」と弁護する専門家もいた。59年より原発の宣伝を担当してきたドイツ原子力フォーラムは、ベンツやドイツ銀行、ジーメンスなど大企業の支援のもと、安全キャンペーンを大々的におこなってきたが、今回もドイツの原発は安全とのプレス発表を出した。

「政府は何か隠している、私たちは見捨てられている、との気持ちがぬぐえなかった」と母親たちが各地でグループを結成した。政党など関係なく多くの人々が反原発デモに出かけた。市民が自分たちで放射能を測定しはじめ、放射線測定器は5月はじめに売り切れた。測定器を公園に持っていったところ、大きく反応したようすもテレビで放映された。汚染されたレタスや牛乳が廃棄された。ソ連政府が早急に事故の情報を出さなかったことに批判が続出し、ドイツ政府の国民への情報公開が遅れたことも国民を怒らせた。

ドイツ政府は5月7日「国民に危険はない」と発表するが、5月8日の放射能委員会の記者会見で、牛乳の安全性を問われた担当者は「小さい子には粉末ミルクをあげればいい」と発言。政府は野菜、キノコ、牛乳などの食べ物について、放射能の許容値を引き上げた。緑の党の議員のヨシュカ・フィッシャーは、「1歳児が毎日1リットル牛乳を飲むと、これまでの1年分の許容値の倍になる。これは受け入れられない」と反論した。

政府は5月末には事態は収束したと発表したが、人々の不安は去らない。当時の人間遺伝学研究所のカール・スペアリング博士の調査によると、ベルリンではチェルノブイリからちょうど9カ月後の87年1月、ダウン症の子どもが10人生まれたという。通常なら2人、せいぜい3人のところ、10人というのは明らかに多い。博士は「チェルノブイリの影響としか思えない」と話し、この調査結果は大きな議論を巻き起こした。

ちなみに、州ごとにある程度の自治が保障されているドイツと違って、フランスでは情報は中央政府に一極集中している。フランスは国策として原発を推進しており、当時も65%の電力を原発でまかなっていた。「気流の流れにより、フランスには核の雲は来ない」とテレビは報道し、内務省は無料のホットラインを設置し「パニックの必要はない。危険はない」とくりかえした。フランスの各原発では大気中の放射能を測定しており、高い数値が出ていたが、政府は情報を公開しないように指令した。人々は普通に市場で買い物し、新鮮な野菜を食べていた。しかし、イタリアやドイツからの情報が徐々に入り、一般の人たちが測定を始め、フランスでも政府のウソがばれてきた。

東ドイツでは、ソ連政府からの連絡はあったが、国民は正確な情報を知らされないままだった。東ドイツにはソ連製の原発が2基ある。国民のパニックを防ぐため、原発産業を継続するため、そしてソ連の批判をしにくいという理由から、ここでも情報は隠蔽された。数週間後、突如として安い野菜が店頭に並んだ。西欧が拒否した野菜が東欧から大量に入ってきたためだ。多くの市民が5月の空の下、外で遊び、家庭菜園の野菜を食べた。しかし西からの情報により、次第に原発への不安が募り、一部では反原発運動も起こった。西ドイツへの物資を運ぶ車は、国境で汚染の度合をチェックされ、東ドイツのトラックの運転手は国境前で車両を洗浄した。防護服もなく、洗浄に使った水は垂れ流し。のちにガンを発病し、死亡した人も多いという。

ウルズラは事故当時を振り返って、「そのときの無力感は忘れることができない」と話す。三男二女の子どもは当時4歳から13歳だった。親としてどうすればいいのか。子どもに何を食べさせればいいのだろう。一家は１９７７年、黒い森の豊かな自然に恵まれたシェーナウに移り住んだ。豊かな自然のなかで子どもたちを遊ばせたいと思っていたが、外に出ることにも不安を感じるようになった。スラーデク夫妻は、もともと政治や環境保護に熱心だったわけではない。生活の基盤が脅かされ、子どもの安全が脅かされたことをきっかけに、原子力について真剣に考えるようになった。

今回の福島原発の事故でも、直後からドイツ国内で放射線測定器が品不足となった。それは「ドイツ人はチェルノブイリのときの恐怖を忘れていないから」だとウルズラは話す。1万キロ離れていても、日本のできごとは他人事ではない。しかも「ただちに危険はない」とくりかえす日本政府の対応は、当時のドイツの政治家たちを彷彿《ほうふつ》とさせるものだった。

ドイツではしかし、チェルノブイリの事故は、原発について国民や政治家の考えに決定的な影響を及ぼした。事故が起こって数週間後には「環境・自然保護・原発安全省」、つまり現在の形の環境省が設立された。社会民主党（SPD）は脱原発を求め、保守系のキリスト教民主同盟（CDU）のヘルムート・コール首相も原発への依存を減らしていく方針を示した。事故について、西ドイツの58%の人々が脅威を感じたといい、原発に反対する人も増加。事故後、原発が新設されることはなかった。

南ドイツのバイエルン州環境省によると、チェルノブイリ原発事故の影響で、野生動物の肉やキノコからいまだにセシウムが検出されるという。地上に降りた放射性物質が植物の根に吸収され、葉っぱとなって地に落ちる。よって放射能の数値は時期によって差が大きい。連邦環境省によると、野生の肉やキノコは少量なら健康に害はないという。

自分たちの手で原子力のない社会を

事故から数カ月がたつと、だんだんと世間の騒ぎは収束してきた。しかし放射能が消えたわけではない。シェーナウに住んでいたヴォルフディーターとザビーネ・ドレッシャー夫妻は、地元新聞に小さな告知を掲載した。「チェルノブイリのあと、子どもや孫の将来に危機感を抱いている人はいませんか。何かしたいけれど、どうしていいかわからない人はいませんか。放射能と化学物質により環境が危機にさらされているのを見過ごすことはできないと思っている同志を探しています」。これをきっかけに、スラーデク夫妻やヴルフとヴェロニカ・シュプリングハート夫妻など、有志10人ほどが毎週集まるようになった。なかにはチェルノブイリ事故の数週間前に赤ちゃんが生まれたばかりの人もいた。

「チェルノブイリの事故をきっかけに、政府や電力会社が対策を考えてくれると思っていました。こんな悲惨な事故があったのだから、電力会社が何かしてくれるだろうと。しかし、何も起こりません。変化を求めるなら、自分たちで始めなくてはならないと思いました」とウルズラは回想する。夫のミヒャエルも「脱原発は小さなところから始めなくてはいけない。大きな政治だけでは無理だ」と、積極的に活動を始めた。

こうして「原子力に反対する親の会」が結成された。しばらくして「原子力のない未来のための親の会（EfaZ）」に名称変更し、87年5月に正式に団体として発足した。政治家や電力会社の動きを待つのではなく、自分たちで原子力のない社会をつくろうと、前向きな姿勢を会の名前に込めた。

「原子力や環境問題について何の知識もありません。けれど知りたい一心で、一生懸命勉強しました。そして、エネルギーの無駄遣いが大きな原因だとわかりました」とウルズラが話すとおり、原発推進の根には電力の無駄遣いがあることに気がついた。消費者として、この問題に対して何ができるのか。電力消費は年々大きくなっていくばかりだ。電力会社は地域ごとの独占企業で、ますます多くの発電所を造る。ドイツに石油資源はなく、天然ガスはロシア方面からの輸入に頼っている。国産の石炭は高すぎて競争力がない。だからドイツは原子力発電を始めたのである。

生活の質を落とさずに、必要のない電力消費を減らすことはできないだろうか。電力消費が減れば原発への依存も減るはずだ。それに、人々は電力に関して無頓着すぎる。何も考えずに、毎月請求書が来るままに払っているだけ。電力とは市民生活にかかわる重要事項なのに、こんなに関心が薄いのはおかしいのではないか。電力会社は、想定される最大限の電力消費の瞬間に備え、たくさんの容量を確保している。これも人々が何も考えずに好きなように電気を使っているからだ。

こまめに電気を消す、暖房をつけたら窓を開けない、料理をするとき鍋にふたをする、洗濯には60度でなく40度のお湯にする——など、ちょっとしたことで大きく電力を節減できることがわかった。汚い服を着たり、冷たいご飯を食べたりする必要はない。生活の質を落とすことなく、できることはあるのではないか。これはスラーデク夫妻の生活のなかでの生きた実験となった。電力についての意識を変えるだけで、思いのほか効果があることがわかった。電力消費のピーク時に洗濯をしないようにしたり、暖房の温度を1度下げるなどのちょっとした工夫が、世の中を変える第一歩だと気づいたのだ。これをたくさんの人に実践してもらえばいい。周囲を巻き込みたい。こうして、「親の会」の活動として、市民に省エネを呼びかけることが始まった。

楽しくないことは続かない

メンバーは省エネアドバイスの冊子を発行し、個々の市民の省エネ相談にのりだした。市でイベントがあると、情報スタンドを設け、電力や省エネについて説明した。地元商店に省エネ

省エネについて知ってもらうためイベントを開催　©EWS Schönau

仕様の電化製品を割引きで並べてもらい、地元銀行に省エネ機器購入のためのローンを用意するよう働きかけた。しかし、電力についての情報スタンドなど聞いたこともない市民は、最初は奇異な目で見ていた。

多くの人に省エネについて話をしても、「大事だとわかっているけど、なかなかねえ」という返事ばかり。あれもやめられないしこれもやめられない、だから省エネできないという。人々は省エネしたほうがいいとは思っている。しかし、実践していないのだ。

そこで、「ひとりで省エネしてもつまらない。みんなでやったら楽しいのではないか」と、1988年より省エネコンテストを始めた。初年度は市役所や病院、ギムナジウムをはじめ140の世帯が参加した。地元の工業会や商店の協力を得て、賞品をそろえた。1等賞の商品はイタリアへのバス旅行、環境クイズではレストランの食事券がもらえた。商品の豪華さも人々のやる気を誘った。「スイッチを切ろう、そして楽しもう」という言葉どおり、深刻にならずに楽しみながら続けることを心がけた。

そのうち、省エネは電気代を減らすことにもつながるとわかり、興味を示す人が増えてきた。その結果、半年で4万4000キロワット時が節約された。平均20％、なかには半分近く節約した人もいた。コンテストをきっかけに、普段話す機会がなかった市民とも触れ合う機会ができた。

他にも、医療についての講演会やお年寄りの集い、ロックからクラシックまでさまざまな音楽祭を開き、より多くの人に興味をもってもらうよう工夫した。これらの催しの合間に、ごく簡潔に省エネについて話す。長すぎると飽きられるし忘れられるので、要点だけにとどめるのがポイントだ。こうして多くの人と顔見知りになったことは、のちのち大いに役立った。いかに節電するかをわかりやすく描いた演劇グループ「ワットキラー」も人気を呼び、各地で上演された。

効率的に節電するためには、電力の使用量を把握するのが近道だ。使用電力量がわかるメーターを電気機器に取り付けたいと思い、当時市に電力を供給していた大手電力会社ＫＷＲ（ラインフェルデン電力会社）に協力を頼んだ。テレビや冷蔵庫など個々の電化製品につけて、電力消費量を具体的に知るのがねらいだ。親の会メンバーのヴォルフディーター・ドレッシャーは、かつて同社で職業訓練を修了しており、倉庫にメーターがたくさん眠っているのを知っていたのだ。メンバーはアポイントメントを取って面会に出かけたが、ＫＷＲはメーターを貸してくれるどころか、要望をまともに聞くことさえなく追い返したという。

しかし、シェーナウでの市民の取り組みは、徐々にメディアの注目を浴びるようになる。新聞や雑誌でとりあげられ、週刊誌『シュピーゲル』は「全国でシェーナウのように節電をすれば、年間８６４万トンの二酸化炭素が削減されるだろう」と評価した。こうしたさまざまな活動を通して「親の会」は徐々に人々の生活のなかに入り込んでいった。電力関連だけでなく、ごみの削減や自家用車の相乗りを仲介するなど、環境に負荷をかけない社会を実現するため多角的な取り組みをおこなった。

スラーデク夫妻の自宅は、メンバーたちの溜まり場となった。最初は週末だけの集まりだったが、だんだん平日の夜も集まるようになった。エネルギーについて膨大な資料を読み、勉強した。大きな食卓のテーブルにはいつも誰かいて、さまざまな相談やアイディアを持ちかけた。赤ワインを飲みながら冗談交じりに言ったことが実現したことも少なくない。

こうしたなかで、ミヒャエル・スラーデクは89年、地域でエネルギー変革を実現すべく市議会議員になった。

省エネからエネルギーの自給へ

連邦政府のあるボンへ、エネルギー経済法改正を訴えに出かけたのもこのころだ。戦前に作られた古い法律で電力市場が運営されていることを知り、エネルギー市場全体の構造を変えるには、この法律を改正しなければならないと考えた。政治家へ手紙を書き、熱心に陳情に出かけたが、政治家はとりあってくれず、何も変わらなかった。ウルズラは「当時ボンへたびたび出かけ、ほとんどの政治家に話しかけました。幾人かは好意的でしたが、大多数は理解さえしてくれませんでした。当時自分が書いた政治家への手紙を読むと自分でも意味不明な部分があるので、仕方がないかもしれません。黒い森に住む人たちが変なことをしている、と思われていたのでしょう」と笑う。1990年の東西ドイツ統一のときにも、旧東ドイツの人民議会に手紙を書き、既存のエネルギー経済法を受け入れないように要請したが、効果はなかった。

エネルギーについて勉強し、一生懸命取り組んだにもかかわらず、法改正の気配はまったくなかった。ウルズラたちは挫折を味わった。しかし仲間たちと話し合い、考えた。どうして失敗したんだろう、何が悪かったのだろう。そして気がついた。やり方が間違っていたのだ。ただ政府に訴えて、法律を変更してもらうことで世界が変わることを期待していたのだ。他力本

初期の市民グループのメンバーたち　©EWS Schönau

願では、世界は変わらない。「もう一度やろう。別のやり方で取り組もう」とふたたび立ち上がった。

「エネルギー市場を変えるには、お金の流れを変えなければいけない」と90年「分散型エネルギー設備団体（Gedea）」を設立し、スラーデク夫妻の自宅を事務所とした。同団体は、エネルギーを節約し、すでにあるエネルギー源を最大限に利用推進することを目標に掲げた。具体的には、再生可能エネルギーやコジェネレーションの利用促進である。コジェネレーションとは、発電しながら生まれた熱も利用するという、エネルギーを効率的に利用できる装置だ。ドイツでは天然ガスを使うのが一般的である。

メンバーのディーター・シェーファーは「既存のエネルギー経済は、エネルギーを無駄遣いするシステムを作ってきた。私たちに必要なのは、エコロジカルなエネルギー供給だ」と話す。「最初、出資者を募るのは難しいだろうと思っていました。再生可能エネルギーにお金を出してくれる人などいるのでしょうか。ところが始めてみると、よいプロジェクトで、かつそれを上手にプレゼンテーションすることができれば、お金が集まることがわかりました。出資したい人は十分にいるのです」と、のちにウルズラ・スラーデクは振り返る。こうして、市民が自らの手でエネルギーを供給するという構想が形をとりはじめた。

「訴えられないだけありがたいと思え」——大手電力会社KWRとの対立

当時シェーナウ市に電力を供給していたKWRは、正式にはラインフェルデン電力会社（Kraftübertragungswerke Rheinfelden AG）といい、頭文字を取ってKWRと呼ばれる。同社は1894年に設立され、1898年には当時ヨーロッパ最大のラインフェルデン水力発電所を稼働させるなど、南ドイツの周辺地域に電力を供給してきた。しかし1959年にはフランクフルトの原子炉関連会社に出資したのをはじめ、他の原子力関連の企業にも出資。スイスのふたつの原発にもそれぞれ数%だが出資していた。

KWRに電力供給を委託する以前、シェーナウ市は自前の水力発電所を持ち、68年間独自に電力を供給してきた。しかし、金銭的メリットが大きいと1974年に、送電線や変圧所などすべての設備を60万マルク（3600万円）でKWRに売却していた。

KWRは市の独自の電力源であった水力発電所を放棄し、シェーナウの住民はKWRによってよそから送られてくる電力で生活することになった。電力供給に携わっていた市の職員はKWRへ移籍し仕事を続けたが、当時の社員のひとりは「水力発電の廃止はつらかった」と語る。結果として、市民が使う電力の4割は原発からのものになった。

KWRは1990年8月、契約期間が94年まで残っているにもかかわらず、電力供給契約の早期更新を市役所に申請した。新たに20年の供給契約を結べば、契約料として10万マルク（600万円）を市に支払うという。市民による省エネ活動や、原子力のない街づくりの運動に、KWRは危機感を抱いたらしい。市民が節電するということは、電力の売り上げ減につながるため、KWRは苦々しく思っていた。

もともと供給契約をするさいに、一般家庭からの年間収入の3%、商工業からの1%を契約料として市に対して支払うことが法律で決められている。しかしその年の5月、経済省は「人口3000人以下の市と契約を新たに結ぶ場合、5%支払ってもよい」と決定した。それに基づきKWRは、シェーナウ市がいますぐ契約更新をすれば5%の支払いになるため、差額分が余分に入ると市に持ちかけたのである。

市民団体のメンバーたちはＫＷＲに話し合いを求めた。原発に出資し、原発の電力を扱うＫＷＲだが、シェーナウ市に対してだけでも、環境に配慮した電力供給をしてくれないかと期待したのである。シェーナウを未来のエネルギーモデル都市にしてはどうか。原子力ではない電気を供給し、地元の太陽光や水力発電所を活用し、省エネキャンペーンをおこない、節電が報われる料金体系にすること。これが市民団体のアイディアだった。

しかしＫＷＲは「エコロジカルな指針に配慮してくれだって？　自治体との契約書はどこも同じ。一字一句、点と丸までだ」と、市民の申し出を歯牙にもかけようとしなかった。ミヒャエル・スラーデクは、ＫＷＲとの共同出資で新たな会社をつくることまで想定していたが、ＫＷＲは相手にしなかった。当時独占企業だった電力会社は、いまからは考えられないほど立場が強かった。市民の要望を聞き入れる理由などつゆほどもなかった。市民の省エネ運動について、ＫＷＲは「わが社は電力を売って商売をしているんだ。営業妨害で訴えられないだけありがたいと思え」と言ったという。

「ＫＷＲが協力的だったら、いまのシェーナウはなかったでしょう」とウルズラは振り返る。「われわれの他に、電力を供給できるのは誰もいない」という言い方に、独占企業の傲慢さを見た。けんもほろろの態度に、市民たちも考えを変えた。「それなら自分たちがやろう」。これまでせっかく取り組んできた試みがすべて無にならないよう、自ら環境にやさしい電力を供給しよう。そのためには市から供給権を得ること、そしてＫＷＲより送電線を買い取る必要がある。まずはＫＷＲと市の契約更新を阻止すべく、90年11月に新聞広告で賛同者を募った。

なぜ送電線を買い取るのか

１９９８年の電力市場自由化以前は、送電線を所有していることは、その地域の電力供給を牛耳ることを意味した。送電線を所有している者だけがその地域に電力を供給できたため、日本と同様、独占市場となったからである。シェーナウ市民が電力供給をするにはＫＷＲから送電線を買い取るしか方法がなかった。当時、送電線買い取りは、地域のエネルギーシフトに欠かせないものだったのである。

90年11月30日に、市民31人が5万マルク（３００万円）を出資して「シェーナウ送電線買取社」を設立した。送電線を買い取り、水力発電やコジェネレーションなど、再生可能エネルギーを推進するためだ。ＫＷＲとは全面決戦の構えとなり、メディアは大会社に歯向かう小さな組織を「電気抵抗者（Stromrebellen）」と呼び、対立の構図を書き立てた。シェーナウ送電線買取社は、ＫＷＲが市に提示した早期契約更新の割り増し分と同額を市に提供することに決めたため、市はＫＷＲとの契約更新を急ぐ必要がなくなった。現在の供給契約が切れるまで、シェーナウ送電線買取社とKWRのどちらから電力を買うか、市はじっくり検討する時間ができた。

こうしてKWRとの契約更新を阻止することができたが、市に同額を支払わなければならない。1年あたり3万マルク（180万円）必要なため、今後4年間、毎年100マルク（6000円）を出資してくれる市民300人を見つけることにした。将来、送電線の買い取りがうまくいったら出資金は利子をつけて戻ってくるが、うまくいかなければ損失となる。4年で400マルク（2万4000円）になるため、協力者があらわれるかどうか不安だったが、ふたを開けてみると6週間で282人が見つかり、年間3万2000マルクが確保された。

市民が電力供給をしたがっているということについて、市長も賛同してくれるだろうと期待していたが、それはまったくあてはずれだった。当時の市長リヒャード・ベーラーは、「主婦、医者、教師、技師の集まりで何ができる。100年も電力を供給しているプロの会社があるのに、どうして素人から買わなければならないのか」という返事だった。

翌年1月になっても市議会はまだ、どちらにするか決めかねていた。幸い全国からメディアの注目が集まっていた。市長は本気で受け取っていなかったが、メディアを通じたプレッシャーがあったため、シェーナウ送電線買取社による電力供給が本当に実現可能か、計画書を提出するよう要請した。法的、技術的、財政的な面をクリアし、どのように環境にやさしく安定した供給を可能にするのか、わかりやすく示す必要があった。

スラーデク夫妻をはじめ、市民団体の関係者で電力の専門家はひとりもいない。人づてに4月、ヴォルフガング・ツァンダーと知り合った。若きエンジニアだがエネルギーコンサルタント会社ベットを経営し、博士号も持っている。大きな収入にならないとわかっていながら、ツァンダーは仕事を引き受け、5月には600ページにわたる計画書を完成させた。

この計画書はバーデンヴュルテンベルク州の自治体審査会でも高く評価された。そして、選択肢はひとつよりもふたつあるほうがよいので、双方じっくり吟味するようにと市にアドバイスした。エコロジカルな観点、市民参加、分散型、電力供給の公共化という柱に加え、経済的であり、実現可能であることから、シェーナウ送電線買取社との契約を暗に勧めたほどである。

91年6月の全国紙『ツァイト』による記事「電圧下の街」(Spannungは電圧とも緊張とも訳せる)により、シェーナウ市民の活動は全国に知られることになった。大手独占企業特有のKWRのやり方に、全国から批判が高まった。

KWRは7月3日、20年ではなく14年と契約期間の短縮を申し出る。これにより市議会が決定しやすくなるだろうと踏んだのである。91年7月8日、KWR支持派の市長ベーラーは、KWRの要望を受け入れるべく、市議会の議題にかけた。原発を長らく支援してきた保守のキリスト教民主同盟(CDU)の全議員が賛成するなど、7対6のわずか1票差で、KWRとの契約更新が決まった。

市民投票で世論を問う

送電線買い取り派にとって、市議会で賛同を得られないことは想定済みだった。議員の所属政党と顔ぶれで大体は予想できる。シェーナウ市の条例では、有権者の10%が賛同すれば、市民投票をおこなうことができる。市民団体は「市議会の決定に市民は同意していない」とし、異議を申し立てた。

いまでこそ市民投票は珍しくないが、1991年の当時、シェーナウではじめてのできごとだった。反対派の議員が「市民投票なんて、まったくもって民主主義に反する！」と言ったほどだ。

翌日から署名集めを開始。8月2日に、必要分の倍となる559筆の署名が集まった。10月27日が投票日と決定した。買い取りを支持する市民は「ヤー（イエスという意味）、シェーナウ」運動を展開。子ども祭りやマウンテンバイクレース、お年寄りの集いを開いて宣伝し、環境にやさしい取り組みについてのチラシを刷った。「ヤー」と書いたハート型のクッキーを何千枚と焼いて配った。

しかし、政党からの支援は受けなかった。これは市全体の方針を決めるもので、政党を超え

市民団体が配ったハート型のクッキー
© EWS Schönau

たものでなくてはならないと考えたからだ。ウルズラは「省エネは、保守の議員でもできる。党の方針という狭い枠に縛られてはいけない」と、緑の党の支援も断った。

市民投票のための運動は熾烈《しれつ》さを増し、議論は盛り上がった。ＫＷＲ派の市長やＣＤＵの議員、一部の地元企業の関係者が「市民団体による電力供給は、経済的に見合わない」というチラシを全戸に配るなど、誰もがほぼ顔見知りという狭い街のなかで世論は二分された。

9月にラジオ局が訪れ、「自家製電気」という題で、シェーナウの電力事情と市を二分する市民投票について70分にわたり生放送することになった。「シェーナウは生きた民主主義の例だ」と司会者は紹介し、両派による討論会を実施した。シェーナウ送電線買取社からはミヒャエル・スラーデクとヴォルフガング・ツァンダーが参加し、ＫＷＲ側には同社理事のクラウス・タイルジーフイェとシェーナウ市長のリヒャード・ベーラーが席に着いた。ＣＤＵの政務次官ベルンド・シュミードバウアーも同席しており、市民による送電網買い取り案についてどういう反応を示すか注目を集めていた。結局、放送中、シュミードバウアーは市民への同意を示したかと思うと、買い取り案に反対する地元のＣＤＵの党員をほめるなど、一貫性のない対応を示した。政治家は、相手によって見せる顔が違う。これが市民にとって、生の政治から得た教訓だった。

メンバーたちは、市民が自分たちの手で電力供給をすることにどのような意味があるのか、人々に説いてまわった。よそから移り住んできた人たちの運動だと思われないよう、地元の人たちを前面に出して活動した。スラーデク一家は1977年からシェーナウに住んでいるが、それでも何世代も前からこの地に住む地元民とはやはり違う。新団体設立当初からのメンバーで警察官のロルフ・ヴェツェルや、ヴォルフディーター・ドレッシャーが活躍した。

ウルズラは「市民投票を通じて、政治についてたくさん学びました。正しいだけではだめなのです。いつもフレンドリーでいること、他の人を尊重することが、政治で成功するのに不可欠だとわかりました」と語る。

運動が忙しくなるにつれ、帰りが遅くなることも増えた。ウルズラは「上の3人は大きくなっていたけれど、下の息子2人は大変だったでしょう」と当時を振り返る。会合から遅く戻ると、子どもたちはすでに寝ていたが、ウルズラの気配に気づいて飛び起き「ママ、勝ったの」と訊く。夢を見ていたのだろう。5人の子どもを持ちながら活動するのは大変な時期もあったが、「子どもは親がいなくても、自由な時間を楽しんでいたようで、悪い影響はなかった」という。5人も子どもがいれば、ひとりくらいは思わぬ方向に行ったりすることもあるが、幸い原発の会社に就職することはなかった、と笑う。

ついに投票日が来た。投票率は74・3％で、729票（55・7％）がシェーナウ送電線買取社による電力供給に賛成、579票（44・3％）がKWRとの契約更新を支持した。市民は買い取りを望んだのだ。KWR派のある議員は、結果を聞くと「そんなこと不可能だ、ありえない」と言ったという。

市民の賛同は得たものの……

こうしてシェーナウ送電線買取社は市民の同意を得た。しかし、困難がすべて去ったわけではない。実際に電力供給するさい、経済性などあらゆる側面から実現可能であることを証明し、州の経済省から認定を受ける必要がある。第三者機関によるアセスメントにより審査されるのだが、反対派の市長が選んだのは、フライブルクにあるエナーゴッサ社だった。

そこで、コジェネレーション推進で有名なロットヴァイル電力公社の税理士であるウォルター・ボルツの協力を得ることにした。ボルツはシューナウについてのテレビ番組を見ていたといい、快く引き受けた。加えて40キロほど離れたところにあるヴァルドシュット・ティンゲン市の電力公社から、商業的、技術的支援を受けることにした。その市は市長が原発推進派のC

DU所属であったため、支援を取り付けられるかどうか懸念されたが、幸い市長や市議会は賛同した。

1992年2月に新たに事務所を移し、事務所開きをした。そこにハンブルクの気候学者のハートムート・グラースルが駆けつけた。北海に近い港町ハンブルクから、南ドイツの黒い森までは800キロ離れている。すでにシェーナウでのできごとは、一地方だけのことではなく、ドイツ全土が注目するようになっていた。グラースルは気候保護の観点から、シェーナウのコンセプトをさらに発展させていく。当時はまだ、「気候保護」や「持続可能な社会」という言葉はいまほど浸透していなかった。そのなかで、エコロジカルな側面を重視して電力供給をしようというシェーナウ市民の考えは画期的だった。

ドイツでは2000年に再生可能エネルギー法が整備され、高額な固定買い取り価格により再生可能エネルギーに投資するのがブームとなったが、シェーナウの市民たちが実行していたのはその前の時代。利益の追求でなく、原子力のない社会の実現をと考えた末の行動だった。

92年5月には第1回シェーナウ電力セミナーを開催し、全国から125人が参加した。多くは市町村議員で、自治体のエコロジカルなエネルギー政策について関心が高かった。どのような政策が実行可能であるか、ワークショップの議論は白熱した。以後恒例となったセミナーには、グラースルも講師としてときどき参加している。

一方、KWRは市民たちの活動を敵対視し、いまだ契約更新に固執していた。同年11月には、契約切れ前に更新すれば毎年5万5000マルク（約330万円）払うと市に申し出た。この行動が法的に許されるのかは疑問の残るところである。シェーナウ送電線買取社もしかし、対抗して94年末までに28万マルク（1680万円）の契約締結料を支払うと約束した。

93年7月にアセスメントの結果が公表され、シェーナウ送電線買取社による買い取りは有意義であると認定された。市内の100カ所以上が熱と電気を生み出すコジェネレーションの設置に適していることや、公共施設での省エネ対策など、同社の買い取りによりエコロジカルかつエコノミーなエネルギー政策が実現することが証明された。市民によるコンセプトは机上の空論ではなく、採算がとれる現実的な計画だと認められたのである。

93年9月、シェーナウで市長選がおこなわれた。現職のベーラーは出馬せず、市の土木局に勤務していたベルンハード・ゼーガーが市長となった。市は買い取り派とKWR派に二分している状態だったが、ゼーガーは両方の言い分に耳を傾けたので、両者間にふたたび冷静な議論が戻ってきた。新市長は議会の決定が僅差なら市民投票にかけると公言し、多くの市民が納得することを第一とした。それにより、客観的な討論がおこなわれ、感情的な対立は軽減された。

送電線買い取りの資金の問題もあった。電力供給のためには送電線を買い取らなければならない。巨額の資金をどう調達するか、メンバーたちは頭を悩ませていた。ハンブルクの企業家であるミヒャエル・ザールフェルトがシェーナウ送電線買取社に興味を示し、必要最低限な自己資本を提供する用意があると申し出ていた。日刊紙『ツァイト』によると、ザールフェルトは「黒い森のエコプロジェクトは、個人資本を投資する価値がある」とし、利子は10％を下らないと試算していた。

同年、ミヒャエル・スラーデクらメンバーはハンブルクのザールフェルトを訪ねた。ザールフェルトが出資すれば、財政的には安定する。しかし、市民運動はどうなるのだろう。ひとりの大型出資者の出現により、市民運動という基礎が崩れてしまうのではないか。人々は、企業家が出資した会社に協力してくれるだろうか。「われわれは市民運動をしているのだ」と、最終的にはザールフェルトの出資の申し出を断ることにした。そして知り合いの紹介によるGLS銀行と協力することに決めた。

ザールフェルトは、のちに自然エネルギー供給会社「リヒトブリック」を自ら設立した。現在顧客は60万以上と、四つの主要な自然エネルギー会社のなかでももっとも大きい規模を誇る。フォルクスワーゲンのエンジンによるミニコジェネレーション「家庭発電所」（124ページ参照）を手がけるなど、積極的に活動している。シェーナウがザールフェルトと組んでいれば、いまとは違った形になっていただろう。

チェルノブイリで被ばくした子どもをシェーナウへ

こうした送電線買い取り運動のさなかでも、その出発点であった「原子力のない未来のための親の会」は、チェルノブイリ原発事故の被ばく者を助けようと地道な活動を続けていた。

キエフから保養のためにやってきた子どもたち

© EWS Schönau

１９９3年夏、チェルノブイリから１００キロ離れたところにあるキエフ市から、白血病の子ども20人がやってきた。キリスト教アクション人間環境団体（ＣＡＭＵ）の協力を得て実現したもので、子どもたちは3週間、放射能のないシェーナウで療養した。短期間とはいえ、放射能のないところで過ごすことは、子どもたちの健康によい影響を及ぼす。「親の会」の母親たちが面倒をみた。子どもたちはきれいな空気と食べ物に囲まれてのびのびと過ごし、帰っていった。

翌年から同会は、バザーや寄付で集めた数千マルクを毎年、キエフの子どもたちに贈った。現在でも親の会は活動を続けており、25年以上たったいまでも被ばくで苦しむ若者や子どもたちを支援している。

送電線買い取りへ、ファンドで資金集め

ＧＬＳ銀行は１９７４年、ドイツのボッフムで設立された組合制の銀行である。日本でいうと信用共同組合のような金融機関であり、個人や法人からの出資でなりたつ。社会的・エコロジー的な観点をもって設立され、学校や幼稚園、障がい者施設、再生可能エネルギー、有機農業、持続可能な住居など、年間１万１０００以上のプロジェクトの財政に寄与している。

93年12月、ＧＬＳ銀行は、シェーナウ市民の活動を公的利益にかなうと評価して「エネルギー・ファンド・シェーナウ」を用意した。１口５０００マルク（30万円）で運用期間は15年。これで資本金を集めることにした。

出資者があらわれるだろうかと心配されたが、１カ月で２４０万マルク（１億４４００万円）が集まった。これがシェーナウの団体の資本金となり出資者は配当を受ける。このほかに６５０人が直接出資をし、１７０万マルク（１億２００万円）が集まった。総額４１０万マルク（２億４６００万円）となったが、ＫＷＲは８７０万マルク（５億２２００万円）を主張しており、まだ

半分にも満たない。

お金が集まらなければ送電線を買い取ることができない。買い取れなければ、いくら市議会や市民の賛同を得ても、供給できないということになる。提示された送電線の値段が高すぎると誰もが思っていたが、KWRは権威あるアセスメント会社のヴィベラを起用しており、異議を申し立てたがはねつけられた。シェーナウ送電線買取社は、前述のツァンダーの会社ベットに試算を依頼。ベットによると395万マルク（2億3700万円）と、KWRの半額以下の結果が出た。

どうしたらこんな違いが出るのだろうか。たとえば、20キロワットの地下ケーブルをヴィベラは新品同様に330万マルクと計算、一方ベットは中古価格として130万マルクとした。メーターは、ヴィベラは1個当たり75マルクとしたが、ベットは30マルクと現実的な価格を採用。またケーブルの長さをベットは実際に測定して21キロとしたが、ヴィベラは机上の計算で33キロとしていた。権威ある会社だからといって事実が曲げられるわけではない。ベットは正しく算出した自信があったため、ヴィベラとの大きな違いにも動じなかった。

94年にはシェーナウ市長が、シェーナウ送電線買取社とKWRを招いて話し合いの席を設けた。しかし、両者は歩み寄らない。翌年ヴィベラとベットが会合を持ち、ヴィベラは一部試算に間違いのあったことを認めた。しかしKWRは870万マルクに固執し、まったく譲歩の余地を見せなかった。

また、電力供給を始めるには、KWRから技術的なデータの提供を受けることが欠かせないが、KWRはなかなか情報を出そうとしない。長い交渉の末、94年3月にやっと1万6000マルク（96万円）を払って一部の情報を手に入れることができた。

シェーナウ電力会社設立

1994年1月、シェーナウ送電線買取社は、現在の形となる「シェーナウ電力会社（EWS）」設立を決めた。供給へ向けてすべての困難を克服したわけではなかったが、正式な会社組織にする必要があった。

設立にはシェーナウ送電線買取社に加え、650人以上の市民が参加。メンバーのロルフ・ヴェツェルと、ヴァルドシュット・ティンゲン電力公社の代表だったカールハインツ・シリングが代表となった。シリングの活動がきっかけで、ヴァルドシュット・ティンゲン市でも自然エネルギーへの取り組みが始まった。現在同社は市が100％出資する電力公社となっている。

シェーナウでも、市が送電線を買い取り、シェーナウの市民団体と協力して「シェーナウ電力公社」を設立するという道もあったが、9月の市議会で買い取りはしないと決めた。シェー

シェーナウ電力会社の看板を除幕するグラースル　© EWS Schönau

ナウ電力会社とKWRのどちらと契約を結ぶかを決めるのは市議会である。州の自治体審査会は「市にとって、KWRよりシェーナウ電力会社のほうが利益にかなう」と結論づけるなど、シェーナウ電力会社の評価は高まっていた。

いよいよ95年11月、市議会で決定の日が来た。前年に議会選挙があってから、市民買い取り派が過半数を占めるようになっていたため、結果は予想できた。しかり、議会は6対5でシェーナウ電力会社との契約締結を可決した。

ところが、そう簡単には事は運ばない。「買い取り派はいつも、市民が最終決定するべきだと言っていたではないか」とKWR派が言い出し、市民投票を要求した。クリスマス前には市民投票に必要な署名が集まり、2回目の市民投票実施が決定した。

激戦となった2度目の市民投票

ウルズラは「あのときの胃が縮むような思い。今回の市民投票がどんなに大変なものになるか、わかっていた」と回想する。

今回の市民投票の用紙には、「議会が可決したシェーナウ電力会社との契約締結を取りやめて、これまでの供給会社KWRとの契約を結ぶべきか」と書かれている。つまり、シェーナウ電力会社による買い取りに賛成の人は「ノー」を選ばなければならない。前回の投票のさいは買い取り賛成の人は「イエス」に印をつけなければならなかったが、前回と今回では質問の仕方が逆転している。イエスとノーの正しい答え方を市民に周知する必要があった。しかも、前回は鷹揚に構えていたKWRが、なりふり構わず取り組んできた。金銭的支援もし、供給権を獲得すべく躍起になっていた。

こうして、事態は前回のくりかえしになった。しかも今回は、老若男女全市民を巻き込んでの大激戦となった。KWR派は前回と同じ轍《てつ》を踏まないよう、よそから人気政治家を呼んでくるのではなく、地元の人を前面に出した。市民の共感を得ることが票につながると考えたからである。個人のつながりを重視した選挙戦となった。

意見の違う人の店で買い物をしない、レストランはメニューではなくオーナーがどちらの派に属するかによって決めるなど、市を二分する争いになった。人口2500人という小さなところだから、誰がどちらに賛成しているかすぐわかる。個人的対立という様相を帯びはじめ、地域社会は緊張に包まれた。

シェーナウ電力会社は、地元のジャム会社の協力を得て、「ナイン（ノー）」と書いたビンのジャムを配った。「朝食のときにジャムを食べながら、私たちのことを考えてくれるでしょう」というアイディアだ。対抗してKWR派は歯ブラシを配った。ジャムと歯ブラシというのは両者の対立関係を象徴していてなんともおもしろい。KWRは新聞やメディアを通して宣伝し、チラシを大量に配布するなど3万マルク（180万円）を投入した。

チラシのなかには「シェーナウ電力会社のような小さな会社で採算が取れるはずはない。赤字になるか、電気料金が跳ね上がるだろう」と書いたものもあった。「毎年3万マルク（180万円）赤字になるだろう」と綿密に計算したり、「シェーナウ電力会社には、保守に必要な車両やツール、機器がそろっていない」との攻撃、「KWRは市民に寄り添っている。プロとしての経験も豊富」との表現もあった。2月にはKWRは、学校の校庭に同社で使用している修理用の車両などを勢ぞろいさせ、市民たちに「こんな立派な設備をシェーナウ電力会社は持てるのだろうか」と疑問を抱かせる作戦に出た。

一方、シェーナウ電力会社はKWR派の半分も選挙資金をかけなかった。「相手を攻撃したり、足を引っぱったりせず、ただ自分たちのコンセプトが正しいことを多くの人に理解してもらう」ことに集中した。各戸訪問をするなど、市民の理解を求めるために多くの時間を費やした。医者のミヒャエル・スラーデクは、午後は訪問診療をするのが常だった。しかし医者として訪れたときに電力の話は決して持ち出さず、医者の仕事と市民活動をきちんと分けた。診療が終わって電力について質問を受けると、車まで資料を取りに行き説明した。投票直前の2週間は休暇をとり、戸別訪問に力を入れた。

ウルズラにとっても他のメンバーにとっても、あるものをすべて駆使し、個人のすべてを懸けたようなたたかいとなった。「〝原子力のない未来のため、再生可能エネルギーを推進する〟という主張が、真実であり、正しいことである。地元に診療所を持つ医者の妻として、5人の子どもを持つ主婦として、冗談で言っているのではない。嘘を言っているとしたらすべてを失うことになるのだ、ということを知ってもらうよう努めた」とウルズラは話す。

断熱やソーラーエネルギーなど、環境についてさまざまなテーマで集会を開き、シェーナウ電力会社のコンセプトが、いかに環境や人々に意義があるかを知らせてまわった。2月のカーニバルには、家の上に風力発電装置を載せたモチーフの山車《だし》でミヒャエルが参加するなど、堅苦しくならないよう工夫することも忘れなかった。

カーニバルでのパレード　© EWS Schönau

今回は接戦の激しいたたかいになることがわかっていたから、1票1票が鍵となる。家族構成を見て、誰が家族で中心になっているのか、誰を説得すれば家族中の票が確実になるだろうか、海外選挙権を持っている人は誰だろうと、いろいろな要素を考慮して、着実に進めていった。電力や環境についてだけでなく、医療や子育て、年金などさまざまなテーマでも講演会を開き、そのさいに5分ほど電力の話をした。人々は気軽に訪れ、大好評だった。すべての人に自分から働きかけるのが難しいのなら、相手から来てもらえるようにすればいい。おもしろいテーマを見つければ、おのずから人は集まるのだ。

とうとう運命の日がやってきた。1996年3月10日である。スラーデク夫妻らメンバーは、全力を尽くしたと感じていた。やるべきことはした、後は結果を待つだけだ。

開票作業には、議員であるミヒャエルも参加した。１票１票が大事とあって慎重に数えた。ミヒャエルが立ち会った開票所での結果は２６７票対２７３票で、６票足りない。いままでの努力が無に帰したかと、あきらめかけた。そのとき、別の開票所からの開票結果が届いた。結果は、得票率52・４％でシェーナウ電力会社の勝利だった。市民は、エコロジカルで省エネルギーをめざす電気供給を望んだのである。７８２票がシェーナウ電力会社支持、７１１票がKWR支持で、71票差だった。投票率は84・３％と前回より10％も高かった。

勝利が決まったとき、人々は市役所前に集まり、シェーナウ電力会社の略である「ＥＷＳ、ＥＷＳ」とシュプレヒコールをあげた。チェルノブイリ原発の事故から10年。シェーナウ市民は、大手電力会社を退け、自分たちで自然エネルギーを供給する道を選んだのだった。

「私は厄介もの」で寄付集め

しかし、送電線買い取りの問題はまだ棚上げのままになっていた。ＫＷＲは「金はあるのか、買えるものなら買ってみろ」という態度だった。２回も投票で負けたのに、まだＫＷＲに力がある。ＫＷＲの対応に左右されるのが悔しかった。「気に入らなければ訴えればいい」というが、このような裁判は時間がかかる。裁判を起こせばシェーナウ送電線買取社は勝つに違いない。しかしその間の電力供給はできず、何もかもだめになってしまうだろう。似たような例で、最近判決があったものでは17年かかったという。

メンバーは頭を悩ませた。どうみても提示額は高すぎる。けれど買わなければ電力供給はできない。1998年の電力自由化以前のこと、送電線を所有している者しかその地域の電力供給はできないのだ。州の経済省もKWRの提示価格が不当だと考えていることはメンバーを安堵させたが、だからといって価格が下がるわけではない。資金調達ができなければ企業として失格である。

いつものように、赤ワインを飲みながらみんなで考えた。「払ってしまえばいいんだ」と誰かが言い出した。寄付を募ってお金を集めよう。「全国にはたくさんの環境団体があり、何十万人ものメンバーがいる。ひとり5マルク（300円）ずつ出してもらえば集まるじゃないか」と。払ってから裁判を起こして、払い過ぎた分を取り戻せばいい。

翌日、ワインの酔いがさめたとき、ウルズラは「こんなことが可能だろうか」と我に返った。この案は実にもっともだが、実現への道のりは容易ではない。チェルノブイリから10年。すでにシェーナウ市民の活動はドイツ全土で、反原発運動のシンボルになっていた。ここで挫折したら、全国の人たちを落胆させることになるし、今後の反原発運動に大きく影響するだろう。

なんとしても勝たなければならない。

このときもＧＬＳ銀行が名案を持ってきた。96年4月26日はチェルノブイリ原発の事故からちょうど10年。「原子力カウントダウン」と称して、ＧＬＳ銀行がシェーナウ電力会社の寄付集めのために設立したニューエネルギー財団と協力し、キャンペーンを実施することにした。「脱原発は、黒い森のシェーナウとともに」「いますぐシェーナウで脱原発を始めよう」といった横断幕が掲げられ、全国を挙げて寄付を呼びかけた。6月末までに40万マルク（２４００万円）が集まった。ちなみにニューエネルギー財団は現在でも、市民によるエコロジカルな電力供給や送電線買い取りのプロジェクトを支援しており、支援を受けたい人は申請することができる。

しかし、提示された８７０万マルクにはまだまだ足りない。思案しているうち、ＧＬＳ銀行の担当者が、プロの広告代理店に手伝ってもらおうと言いだした。「お金が必要でキャンペーンをするのに、広告費など出せない」と言うと、「ただで手伝ってもらえばいい」という。

ドイツ中の広告代理店大手50社に手紙を書いた。「全国的なキャンペーンをしたいが、協力してもらえないか。ただし条件がひとつ。無料でお願いします」――こんな無理な要望に応えてくれるところなどない、返事さえ来ないだろう、と多くのメンバーが思った。ところが、ところが。15社が協力を申し出てくれたのである。ウルズラは「本当にびっくりした。まったく

「私は厄介もの」のポスター　© EWS Schönau

ただ働きだというのに、こんなにたくさん協力的な会社があらわれるとは。このことを思い出すたびに、世の中自分の想像できないことが起こりうるのだと思います」と話す。

詳細を説明したところ、9社は既存の電力会社を顧客に持つことから、「誠に残念ですが」と辞退した。残り6社のなかから、1社に依頼することにした。キャンペーンのコピーをどうするか。メンバーと一緒に頭をひねった。「送電線を引き受ける」「エネルギー経済の奇跡」といった案が挙がったが、どうもぴんとこない。あれこれ考えているうちに「Ich bin ein Störfall（私は厄介ものです）」という言葉が出てきた。Stör は邪魔という意味があり、fall は状況や事態という意味で、Störfall は原発での故障や事故をさす。だから、「私は原発運営の支障となる厄介ものです」という意味になる。シェーナウ電力会社のやろうとしていることは、まさに原発を阻止することなのだから、ぴったりだ。マイナスのイメージがある、極端だ、などメンバーからは反対意見もあがったが、インパクトがあり、活動のダイナミックさをあらわしている。原発業界を揶揄《やゆ》する意味も込めて、このコピーに決めた。

ポスターには、いろんな人がモデルとなった。孫にいずれ農園を譲りたいと話す農家の人や、学生、会社員、赤ちゃんなど普通の市民が登場した。モデル料はもちろん、写真家への謝礼もなしだ。白黒で人物の写真を撮り、真ん中に黄色を背景に黒文字で、「私は厄介もの」と入れた。下には「ハンナ・キュック、9カ月、赤ちゃん、ぬいぐるみ集めが趣味、厄介もの」「クリステン・シュライアー、23歳、学生、北欧好き、厄介もの」「ペーター・ヤコブス、企業家、父親、厄介もの」など名前とプロフィールを入れた。

9月からフランクフルトやハンブルク、ミュンヘンなど全国で一斉に、新聞や雑誌で広告が打たれた。週刊誌『シュピーゲル』も、シェーナウ市民の取り組みを絶賛。映画館やテレビが無料で広告を放映し、ラジオで特集も組まれた。グリーンピースやドイツ環境自然保護連盟（BUND）、自然保護連盟（NABU）、世界自然保護基金（WWF）など、全国からさまざまな団体が協力を申し出た。

寄付も続々と届きはじめた。子どもがお小遣いを集めて送ってくれたり、お年寄りが誕生日会を開いて「プレゼントの代わりにシェーナウに寄付してくれ」という例も見られた。フランスに住むある女性は、2万5000マルク（150万円）寄付してくれたが、お礼の手紙に喜んでまた2万5000マルク振り込んでくれた。

「KWRが電話をしてきて、わが社のイメージを壊している！と文句を言ってきたこともありました。ただ寄付を集めていただけなのに」とウルズラは笑う。

この7カ月ものシェーナウ・キャンペーンにより、請け負った広告代理店もクリエイティヴな会社として一気に知名度を上げた。シェーナウからの金銭的な報酬はなかったが、それを上まわる名声を手に入れ、あちこちから大きな仕事が舞い込むようになった。

こうした個人による少額寄付とともに、大口スポンサーを探す必要もあった。シェーナウの位置するバーデンヴュルテンベルク州に大きなチョコレート会社がある。日本でも販売されている正方形のチョコレート「リッタースポーツ」の会社、アルフレッド・リッター社である。同社はオーナー企業で、社員約800人。ドイツの板チョコ業界で17%のシェアを誇り、国内2位。世界91カ国に進出している。

同社は、チェルノブイリの事故によりトルコのヘーゼルナッツが汚染され、生産に支障をきたしたことがある。市民団体のメンバーは、リッター社ならシェーナウのコンセプトに賛同してくれるのではないかと考えた。つてがあったわけではないが、寄付の要請に出かけると、代表のアルフレッド・リッターは「KWRに対抗することなら支持しよう」と、20万マルク（1200万円）を寄付してくれた。

　のちにリッターは「原発事故によりいろいろ考えさせられた。将来、別の形でエネルギーを調達する必要があると事故は教えてくれた」と、98年「パラディグマ・エネルギー環境技術社」を設立。太陽熱温水器とペレット暖房の製造販売に乗り出した。子会社となるリッター・ソーラー社では現在、国内で290人が従事し、売り上げは6000万ユーロ（60億円）を誇る。

　こうして、大口、小口寄付を合わせ6週間で100万マルクが集まり、キャンペーン終了時にはほぼ200万マルク（1億2000万円）となった。大成功だった。しかし法的にはニューエネルギー財団という公的財団が、経済行為をする一企業に投資するわけにはいかない。長い検討の末、自治体による財団なら許されることがわかり、シェーナウ市が「シェーナウ環境財団」を創設して、資金の受け皿となった。

ついに電力供給を開始

　1996年の秋になり、KWRは送電線の価格を650万マルク（3億9000万円）に下げた。アセスメント会社どうしのやりとりと、世論の圧力による結果である。さらに翌春、KW

Rは570万マルクという提案をしてきた。これが最終的な、友好的な価格だという。それでもまだ市民側の試算よりは高いが、シェーナウの市民団体はまず支払い、その後裁判に持ち込むことにした。

97年の春、シェーナウ電力会社にはじめて有給の社員が生まれた。30歳の電気技師マーティン・ハルムである。それまでメンバーたちは、医師や主婦、警察官、教師、技師、公証人など、みな職業を持ちながらボランティアで取り組んできた。ハルムは200キロほど離れたところにあるブルッフザル市の電力公社で働いていた。サッカー好きで、田舎の生活であることを承知でやってきた。96年12月に面接がおこなわれ、翌年4月1日からの採用となった。

ハルムは「電気に関する技術的なことはもちろん、何もかもすべてひとりでしなければならなかった。ネジも机もボールペンも何もなく、事務所を整えるところから始めた」と当時を振り返る。ハルムの肩にすべてがかかっていた。4月3日、ハルムは7月1日からの電力供給に向けて準備をするため、KWRの担当者と面会した。3カ月以内に変電所を整備し、送電線の接続をKWRより解除し、自社につながなければならない。しかし変圧器は発注してから最低3カ月かかるのが常。KWRはきわめて非協力的で、市民団体が電力供給などできるはずがない、とまだ信じている節があった。ハルムは会合のあと、元同僚に電話した。人口3万8000人のブルッフザル市の電力公社に、変圧器の在庫があるのを知っていたからだ。すぐに有償で分けてもらい、事なきを得た。
州の経済省はしかし、「社員が少なすぎる」「長期的に経済的な電力供給ができるのか」など
と理由をつけ、供給の許可をなかなか出さない。ハルムとシェーナウ電力会社は根気よく指摘
事項を改善していった。もうこれで経済省が許可しない理由はないという6月25日になって、
やっと認可がおりた。供給開始1週間前だった。これですべての準備が整った。
供給開始の数日前に、一瞬だが、停電が起きた。「開始前で、本当にラッキーだった」とハ
ルムは振り返る。電力会社のせいでなくても、開始直後にそのようなことがあれば、何年もシ
ェーナウ電力会社の不手際として語り継がれたことだろう。
97年7月1日、シェーナウ電力会社は、指定価格の570万マルク（3億4200万円）をK
WRに振り込んだ。これで送電線はシェーナウ電力会社の保有となった。多くのテレビ局や新
聞社が訪れ、市民による電力供給について大きく報道した。「電気抵抗者」が大手企業に勝ち、
自らの権限を手に入れたのである。

省エネと自然エネルギーの推進

供給開始当時、顧客は1700世帯ほど。シェーナウ電力会社が電力供給をするようになっ

てから、消費者にとって変化がいくつかあった。そのひとつが、基本料金の値下げである。そして1キロワット時ごとの料金が上がった。すなわち、使う電力が少なければ少ないほど、大きく節約できる。これによりみんなに、節約するモチベーションにしてもらおうと考えた。

もともと同社では、毎月の基本料金を撤廃し、純粋に使用量に応じて支払う料金設定を考えていた。しかしそれは難しいとわかった。電力をほとんど使用しない家庭に対しても、設備費やメンテナンスにコストがかかる。市民団体の当時に理想だと考えていたことのいくつかは、現実的に実行が難しく、軌道修正が必要だった。

また、再生可能エネルギー推進のため、太陽光発電による電気を1キロワット時25ペニヒ(15円)で、コジェネレーションの電気は14ペニヒ(8円)で買い上げることを決めた。KWRではそれぞれ17ペニヒ(10円)と7ペニヒ(4円)だったが、買い取り料金を高く設定することで、多くの人にソーラーパネルやコジェネレーションの設置を促した。

環境への取り組みを重視する市内のホテル「フィアレーベン」は、さっそく地下室にコジェネレーションを2基導入した。4年で元が取れ、いまも節約中だと喜ぶ。オーナーのウォルター・カーレは「チェルノブイリが起こったとき、子どもは1歳と3歳だった。原発の危険性について勉強し、既存の電力システムではだめだと思った」と話す。地元産の肉やポーランド産のキノコをレストランで出していたが、それもできなくなった。カーレは足りない分の電力を

「フィアレーベン」のコジェネレーション設備とオーナーのカーレ氏

シェーナウ電力会社から買い、省エネ電球を全客室で使用している。「テレビの待機電力に、1台あたり年間80ユーロ（8000円）かかるのが問題だ。以前使っていたテレビはずっとスタンバイの状態で、切るにはコンセントから抜くしかなかった。いまのテレビは電源を切ることができるが、スイッチが裏にあってお客さんにはわかりにくい。家電業界は、市民が省エネしやすい商品を製造するべきだ」と考えている。

歴史上もっとも早く成功した革命

1997年11月、シェーナウ市内のプロテスタントの教会の屋根に、太陽光発電装置を設置しようというキャンペーン「シェーナウ創造窓」が始まった。その教会は高台に位置しており、平地から目につきやすい。人の集まる教会に設置することで、シンボル的な意味も期待された。

牧師のペーター・ハーゼンブリンクは、地元の地方教会会議で賛同を得て、カールスルーエの最高宗務会議からも支援を取りつけた。バーデン地域のプロテスタント地方教会も同意し、屋根に設置するパネルの費用の半分を、環境基金から出すことを約束した。ところが州の文化財課は申請を棄却。文化財課の許可がおりないことがネックとなり、プロジェクトは立ち往生していた。

ソーラーパネルが設置された教会

思い切って市民たちは、98年6月28日、実力行動に出ることにした。バーデン革命150周年に合わせて祭りを開催。伝統的な衣装に身を包み、街の広場から教会へ、楽器を演奏しながら行進した。そして1キロワットのソーラーパネルを教会の屋根に設置したのだ。許可なしに、である。その一部始終をメディアが見守った。ハーゼンブリンク牧師は最初からパネル設置に賛成で、「あるものを大事にする、という教会の教えに一致する」と考えていた。しかし法律違反の行動に、最悪の場合免職ということもありうる。仕事をかけての決断となった。

ところが、同日中に文化財課は口頭で設置の許可を出した。人々は「歴史上、もっとも早く成功した革命」と呼び、市長も喜んだ。教会の出資と市民からの寄付や出資により、現在では教会と隣接する集会所の南向き屋根全体にもソーラーパネルが敷かれている。この事業にはKWR派だった市民も出資し、両者の和解の象徴にもなった。当時は1キロワット時あたり25ペニヒ（15円）の収入だったが、2000年の再生可能エネルギー法により、99ペニヒ（60円）に跳ね上がった。このうれしい誤算により、教会は新しいパイプオルガンを購入することができた。

全国展開へ

1998年4月29日、ドイツで電力市場が自由化された。シェーナウ電力会社は、全国に供給をするか、それともこのままシェーナウ市内だけに供給するかの決断を迫られる。法的には全国供給できるはずだが、始まったばかりですべて手探りの状態。当時は電力市場を監督する機関もなく、不当な扱いを受けたとしても裁判に持ち込むしかなかった。

それでも熟考の末、全国展開を決めた。ひとつは、シェーナウ市民が他社に乗り換えはじめたら、顧客は減るばかりで増えることはないこと。ふたつ目は、シェーナウ電力会社の信条に賛同し、遠方から「あなたたちの電力を買いたい」と言ってくれる人がいたことだ。

実際、自由化により市内の27世帯が別の電力会社に乗り換えた。市内で電力供給を始めてから2年がたっていたが、反対派はこのときを待っていたのだろう。一方「あなたたちの活動を応援する」と、遠くハンブルクから電話をかけてきて顧客になった人もいた。

自由化直後は、電力市場自体が混沌とした状況だった。大手会社か、宣伝費を大きくかけた会社だけが生き残ると思われていた。そんななかで、シェーナウ電力会社は99年の夏に「あなたの節約したワット（Watt Ihr Spart）」をキャッチコピーに全国進出を開始。着実に顧客を増やしていった。前述のリッターの「パラディグマ・エネルギー環境技術社」はシェーナウ市外の初の顧客となった。99年末には2345世帯と、前年の567世帯増しとなる。広告は学校新聞など地元に貢献するために出すぐらいで、他は一切ない。それでもシェーナウの活動は頻繁に全国メディアで報道されていたため、広告費をかけずとも顧客は増えていった。2007年は6万7000世帯と1年で倍になった。イーオン社の原発でトラブルがあったのに加え、シェーナウ電力会社がドイツ企業家賞を受賞したのも後押しした。2011年は福島原発の事故と、ウルズラ・スラーデクがゴールドマン環境賞を受賞したことにより、新規顧客は通常の8倍という驚異的な伸びを見せた。

やっぱり不当に高かった送電線

それにしても、KWRの送電線の売値は高すぎた。シェーナウ電力会社は98年11月に訴訟を起こし、99年6月に、両社は共通の判定員に鑑定をゆだねることに同意した。経済監査協会の2人によるもので、そこにシェーナウ電力会社とKWRからそれぞれ1人が参加し、4人でアセスメントを実施することになった。

2005年に出た結果は、350万マルク（2億1000万円）というものだった。当初、KWRは870万マルク、シェーナウ電力会社は395万マルクと算出していたから、両者よりも低額となった。完全にシェーナウ電力会社の勝利だ。KWRは面目丸つぶれである。220万マルク（1億3200万円）に利子を上乗せし、シェーナウ電力会社に払い戻すことになった。シェーナウ電力会社は、元金は関連団体の「ニューエネルギー財団」へ、利子分は「シェーナウ環境財団」に入れ、今後の活動に役立てることにした。

ちなみにKWRはその後、電力自由化の波を受け2002年に他社に買収され、2003年には「エネルギーサービス社」と名称を変更し、ラインフェルデン水力発電所の電気のみを供給する自然エネルギーの会社として生まれ変わった。水力発電所を廃止し、シェーナウ市民の協力を拒否した同社が、自然エネルギー会社として再出発することになったのは皮肉である。

2005年のエネルギー経済法改正により、送電線所有会社と電力供給会社は完全に分離することになった。それにより、どの電力会社も公平に送電線を使用できるよう保障された。現在は、大手4社が高圧送電網を所有し、多数の小さな送電会社が地域ごとの送電線を所有している。連邦系統規制庁という国の機関が、送電線の使用や使用料について不正がおこなわれていないか目を光らせている。また国策として再生可能エネルギーを重視しており、再生可能エネルギーが最優先で送電線に送られるよう法律で決めている。すなわち、火力、原子力、風力が同じ地域で発電されている場合、風力が真っ先に送電され利用されるということになる。

数々の受賞歴——2011年にはゴールドマン環境賞を受賞

シェーナウの市民団体の活動は、1994年「原子力のない未来のための親の会」がドイツエネルギー賞を受賞したのを皮切りに、これまでさまざまな賞を受けている。反核運動やエコロジカルな取り組み、持続可能な社会に向けたポリシーが評価されたもので、賞を受けるたびに知名度が上がり、顧客が増えるという好循環を生んでいる。

たとえば2003年、スラーデク夫妻は原子力のないエネルギー供給に尽力しているとして、環境分野のオスカーともいわれる再生可能エネルギー推進のための「欧州ソーラー賞」を受賞。1999年から2003年までに全国でコジェネレーション、水力、バイオガス、太陽光発電など624の再生エネルギー設備の新規設置を推進した功績がたたえられた。

2011年4月、ウルズラ・スラーデクが環境のノーベル賞といわれるゴールドマン環境賞を受賞した。同賞は毎年、環境保護のために尽力した6人に贈られるもので、原発に反対し、地域分散型電力供給に寄与したことが評価された。サンフランシスコでの式典の後、ホワイトハウスでオバマ大統領に面会。原発を推進しているアメリカに考えを改めてほしいと、受賞が決まってから急いで用意した英語版「原子力に反対する100個の十分な理由」(108ページ参照)を手渡した。また、2012年4月、スラーデク夫妻は、バーデンヴュルテンベルク州の功労賞を受賞。エネルギーシフトにおいて真のパイオニアであるとの功績による。

表は主な受賞歴の一覧である。

1994年	「原子力のない未来のための親の会（EfaZ）」がドイツエネルギー賞を受賞
1996年	ミヒャエル・スラーデクが世界自然保護基金（WWF）と雑誌『キャプテン』により「今年のエコマネージャー」に選ばれる
1997年	シェーナウ送電線買取社のホースト・ランドニィが、ドイツ連邦議会により推進賞「民主主義生活」を受ける
1997年	シェーナウ送電線買取社が「ヘンリーフォード欧州保全アワード」の環境技術部門を受賞
1999年	スラーデク夫妻が国際的な「核のない将来アワード」の「解決策」部門で受賞
1999年	ミヒャエル・スラーデクが「グートエーデル賞」受賞。グートエーデルとは、ワインとなるブドウの種類のことで、賞品はワイン225リットル
2003年	スラーデク夫妻が「欧州ソーラー賞」を受賞
2004年	連邦経済大臣と連邦環境大臣から、シェーナウ電力会社の代表マーティン・ハルムが「再生可能エネルギーのための上昇気流賞」を受賞
2004年	再生可能エネルギーへの市民運動的な取り組みについて、スラーデク夫妻が功労十字小綬章を受勲
2006年	「未来エコノミーフォーラム」にて、エコロジカルで社会経済的企業であるとしてシェーナウ電力会社が「仕事賞」受賞
2007年	シェーナウ電力会社がドイツ企業家賞を受賞
2008年	シェーナウ電力会社がユートピアアワードの企業部門にて選ばれる。環境や資源保護、持続可能で社会的な生活条件に寄与している組織や商品、アイディアに対しての賞
2008年	ウルズラ・スラーデクがアショカ財団により社会企業家として選ばれる。アショカ財団は、ソーシャル・キャピタルを支援する世界的組織。毎年70カ国より何千人もの人が推薦を受け、その中から社会問題の解決に寄与し、革命的な考えをもった人200人を選んでいる
2010年	「考える人」アワードの「先見の明」部門で、スラーデク夫妻が革命賞を受賞
2011年	ウルズラ・スラーデクがゴールドマン環境賞を受賞
2011年	シェーナウ電力会社が社会民主党（SPD）による革命賞を受賞。組合員が出資する形で、大企業や原発がなくてもエネルギー供給は可能であるという新しい指針を示し、民主的な構造で電力を供給していることが評価された
2012年	スラーデク夫妻が、バーデンヴュルテンベルク州の功労賞を受賞

ラベルで一目瞭然――環境にやさしい電化製品

ドイツ消費者団体によると、先進国では1人当たり年間20トンのCO_2を排出しているという。発展途上国では1トン以下だから、その差は歴然としている。気候保護には、全世界の人々が1人当たり3・5トンに抑える必要があるとされる。

電化製品にはEUの規格が適用され、誰でも一目で商品のエネルギー消費がわかるようになっている。冷蔵庫や洗濯機をはじめ、乾燥機、食器洗浄器、テレビ、クーラー、電気オーブンなどに適用されている。

電力消費の少ないAから浪費タイプのGまで段階表示されているが、最近は改良が進み、冷蔵庫はAのみ、洗濯機はAからCの製品しか開発されていない。そのため2003年より、冷蔵庫と冷凍庫にはA＋とA＋＋、2011年よりA＋＋＋が導入された。同じく2011年には食器洗浄器、テレビ、洗濯機にA＋＋＋が導入された。

たとえば冷蔵庫はA＋＋＋を規準とすると、A＋＋は22％、A＋は33％、Aは44％効率が悪い。一方テレビはA＋＋＋を規準とすると、A＋＋は10％、A＋は16％、Aは23％効率が悪く、食器洗浄器はA＋＋＋を規準とすると、A＋＋は50％、A＋は56％、Aは63％となる。

このように家電製品の種類によって表示ラベルの基準は異なる。

EU共通の省エネ規格ラベル

ラベルには省エネについてだけでなく、その機械の特性が記されている。たとえば洗濯機では、水の消費量はもちろん、脱水がよくできるか、何キロまで洗えるかなど細かく表示されている。脱水がよくできていれば乾くのが早く、乾燥機の使用時間を減らすことができる。このように基準が統一されているため、消費者は他社製品と比べやすい。

パンフレットも発行されており、それにはどの省エネレベルの製品を購入するかによって、電力コストをどれだけ削減できるか書いてある。高い初期投資を何年で回収できるか、具体的な数字もあるため、消費者には大助かりだ。エネルギーの節約は家計の支出を抑えるだけでなく、CO2削減にもつながる。

連邦経済技術省の支援を受けている「エネルギー効率協会」のサイトでは電化製品使用のコストチェックができ、人々に省エネを促している。

▼エネルギー効率協会　http://www.stromeffizienz.de/

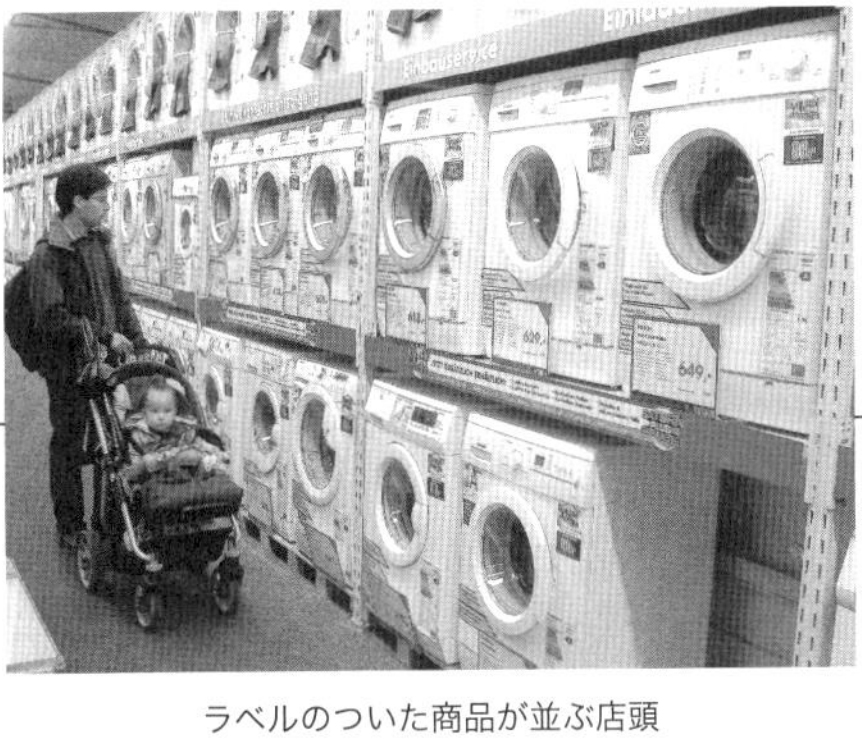

ラベルのついた商品が並ぶ店頭

所有するのではなく分かち合う時代——カーシェアリング

ドイツ人は概して合理的だ。日本ほどマイホーム信仰は強くなく、車も走りさえすればよいと考えている人も多い。最近新たに注目を集めているのが、カーシェアリングだ。ドイツ全国で利用者は20万人といわれる。カーシェアリングの車1台でマイカー4、5台分の稼働率に匹敵するため、駐車スペースは少なくて済み、資源の節約やCO_2排出の低減にも一役買っている。財布にも環境にもやさしいとあって、時代の波に乗ったビジネスとして成長してきた。

年間1万キロ以下しか走らない人は、購入費や保険料、駐車場の費用を考えると、マイカーよりカーシェアリングのほうが経済的だといわれる。とくに路面電車やバスの発達した都会では、日ごろ車は必要ない人が多い。マイカーのある家庭のセカンドカーとしても利用できる。

一般的にレンタカーより割安だが、入会手続きが必要で、入会金と年会費のほかデポジット（退会のさいに返却される保証金）が必要である。ちなみにハノーファーのカーシェアリング「シュタットモビール」は入会金80ユーロ（8000円）で年会費60ユーロ（6000円）。デポジットは500ユーロ（5万円）だが、これは退会時に返却される。

ハノーファーの「シュタットモビール」

車の使用料は大きさによりまちまちだが、普通乗用車なら1時間2・5ユーロ（250円）プラス走行1キロあたり25セント（25円）かかる。これはガソリン代込みの値段だ。市内各所に車が置かれており、自分の好きな車種をネットや電話で予約する。メンバーはカードを持っており、それが鍵代わりに。ややこしい書類の手続きなどは必要ない。使用料は後日口座から引き落とされる。

またフォルクスワーゲンやBMWといった自動車メーカーも、いくつかの都市でカーシェアリング市場に参入。フォルクスワーゲンは年会費や走行距離による加算はなく、1分20セント（20円）とシンプルな料金体系で、利用しやすさをアピールしている。BMWも同じシステムで、さらに同市内なら乗り捨てが可能。使用料は1分あたり29セント（29円）となる。

ドイツでは路上に駐車用に用意されたスペースに駐車するのが一般的で、これは無料である。そのため、自家用車を停めるさい場所を探して近所をぐるぐる回ることがよくあるが、カーシェアリングなら、指定の駐車場があるため心配無用。整備や洗車の必要もなく、手間がかからない。ガソリンは走行中に、気づいた人が車に備え付けのカードで入れておく。

さらに画期的なのは、ご近所さんの車を使おうというアイディアだ。個人所有の車は1日平均23時間、車庫で眠っているという。2011年3月に始まったインターネットのサイト「隣人の車（Nachbarschaftsauto.de）」では、車を貸したい人、使いたい人が登録。賃貸

フォルクスワーゲンの「クィッカー」

料は所有者が決め、貸したくない人には貸さなくてもよい。車の車種や年式はさまざまあり、近所どうしの交流にも発展している。同サイトを通すことで1日8ユーロ（800円）の保険に入ることができ、事故が起こった場合でも保険の掛け金値上がりなどで所有者の負担とならないよう配慮されている。

第3章 シェーナウ電力会社のめざすもの

シェーナウ電力会社の立役者スラーデク夫妻　©EWS Schönau

シェーナウ電力会社は「人々の安全が第一。そして環境に負担をかけないこと」をモットーにしている。一般の電力会社が「最大の利益の追求」を目標としていることを思えば対照的だ。発起人のひとりであるウルズラ・スラーデクは、「電力供給だけが仕事ではない」と断言し、自ら「社会的企業」と称する。

この章では、市民運動から企業に発展し、ますます活動の輪を広げるシェーナウ電力会社の信条や現在の取り組み、展望を紹介する。

「人間的で、持続可能で、環境への負担が少ない」社会的企業

市民運動を始めたときから、メンバーたちにはビジョンがあった。「原子力発電をやめて、100%再生可能エネルギーへ」というビジョンである。市民運動の時代はもちろん、企業と

なってからもこの考えに基づいてすべてがおこなわれている。それが脱原発と気候保護、そしてエネルギー経済の地域分散化と民主化である。

シェーナウ電力会社は、全国の環境関連の市民運動家たちとネットワークをつくり、アイディアを出し合い、さまざまなプロジェクトを実現してきた。後述する「太陽セント」による1800もの自然エネルギー発電施設の支援もその一例である。スラーデク夫妻は各地で講演や催しを開き、相談にのることで人々の意欲を具体化させる支援をしてきた。シェーナウ電力会社は市民的な企業であり、「自分もエネルギーシフトにかかわっていこう」という願いをもつ人々に大きな勇気を与えている。

とくに大切なのは、持続可能なエネルギー供給システムの命運は「一人ひとりの肩にかかっている」というメッセージを伝えていることだろう。個人は無力なのではない。自ら行動することで、世の中のシステムを変えることができる。自然エネルギーを購入することは、脱原発を促す。ソーラーパネルやコジェネレーションを自宅に設置するさいはシェーナウ電力会社から補助金が受けられるし、同社の組合員になり出資することで配当金が得られる。省エネアドバイスを実践するとエネルギー資源を節減でき、かつ節約もできる。自らの行動によりエネルギーシフトに直接、影響を与えることができる。「市民的な会社のほうが、人間的で、持続可能で、環境への負担が少ない」というのが信条だ。

シェーナウ電力会社は2万ユーロ（200万円）を出資し、市との協力でギムナジウム（中高一貫校）の屋根にソーラーパネルを設置した。ベルンハード・ゼーガー市長もシェーナウ電力会社の活動を評価しており、協力的である。街の広場に古いカトリック教会があるが、この屋根につけることも考えられると市長はいう。保守的なカトリック教会が、歴史的な教会の屋根にソーラーパネルを設置すれば注目を集めるだろう。

また、シェーナウ電力会社は、同市にあるエンジンやモーターの製作会社「ハインツマン」とも、庭に設置できる小型風力発電装置の開発について協議するなど、将来に向けてさまざまなプロジェクトを進めている。

電力調達先と顧客

電力会社とひとくちに言っても、電力市場自由化により発電、小売、送電業務が分離されているため、さまざまな形態の電力会社がある。シェーナウ電力会社は小売を主にしているが、送電線も所有しており送電もおこなっている。独自の太陽光や水力発電所で、少量ながら発電もしている。

現在、同社が扱う電力の大部分はノルウェーの水力発電所からのもの。しかし国内の小さな発電施設からの購入も徐々に増えてきている。支援の意味を込めて、料金が高くても、できるだけ新規の施設から買うようにしている。こうして外から買い付けた電力を顧客に販売。2010年は4億5000万キロワット時（450ギガワット時）、2011年は5億キロワット時（500ギガワット時）の電力を扱った。うち5％がドイツ国内からだ。個人や団体、企業などパートナーと一緒に一部出資している発電所も少数あり、これから増やしていく計画だ。

個人客はもちろん、法人客も増えつつある。前述のアルフレッド・リッター社や、大手ドラッグストアDM社、1000ものオーガニック商品を取りそろえるアルナチュラ社が代表的だ。ほかにも緑の党の地方事務所やオーガニック化粧品会社、住宅建設会社、老人ホーム、リフト運営会社、銀行など多数ある。環境に配慮し社会的なポリシーをもっているところが多い。彼らにとって、電力であれば何でもよいというわけではない。自然エネルギーで、しかもシェーナウから購入することに意義があると考えている。購入者のなかには「私もシェーナウのメンバーになった」と言う人がいるが、他の電力会社ではありえないことだろう。

ミヒャエル・スラーデクは「自然エネルギーを買うことで満足感が得られる。地球に対していいことをしていると感じる人が多い」と話す。国内には約1000社の電力小売会社があるが、なかには原発由来の混じった電力であるにもかかわらず、シェーナウの自然エネルギーより高い会社もある。

顧客資料の前に立つウルズラ・スラーデク

シェーナウ電力会社はただの電力会社ではなく、人々の心に訴える何かがある。スラーデク夫妻の人間的な魅力も大きく、2人と知り合ったからシェーナウから電力を買うようになったという人も少なくない。

2007年、ウルズラ・スラーデクはイーオン社の代表と一緒にテレビに出演した。250万人の視聴者の前で、小口消費者は原子力の入ったイーオンの電気よりも、シェーナウの自然エネルギーを購入したほうが安いことが明らかとなった。翌日からシェーナウの顧客が飛躍的に増えた。「テレビは得意ではないけれど、原発が稼動している限り出演する」とウルズラは話す。テレビやラジオ、新聞に出ることは、シェーナウ電力会社の信念を広めることになるためだ。このようにスラーデク夫妻は、電力業界でも無視できない存在となっている。ちなみにデュッセルドルフに本部を置くイーオン社は、ドイツで原発による電力の42%を生産してきた。

このようなメディアの露出や賞の受賞をきっかけに、相乗効果で顧客が増えてきた。とくに2011年は3月に福島原発の事故があり、4月にアメリカでゴールドマン環境賞を受けたことにより、25%の顧客増。2012年夏には13万世帯となった。2012年はこれまでどおり10%増を見込んでいる。

社屋の外観。旧社屋（右側）は100年以上前に建てられたもの

「太陽セント」で新規設備を支援

現在のところ、シェーナウ電力会社はノルウェーの水力発電所から電力を主に購入しているが、既存の水力発電などすでにある容量を電力会社が取り合うのではなく、新しい発電施設を造ってこそ自然エネルギーの増加に意味があると考えており、「太陽セント」というしくみを導入している。

シェーナウ電力会社で電力を購入すると、1キロワット時23・9セント（24円）のうち、0・5セントが「太陽セント」として、新しい再生可能エネルギーの開発への補助金となる。電気を購入するだけで、新しい電力源の開発を支援していることになるのである。オプションとして、1キロワット時24・5セント（太陽セント1セントが込み）、25・69セント（太陽セント2セントが込み）の料金体系もあり、消費者は好きなプランを選ぶことができる。

この「太陽セント」は、同社から電気を購入している顧客すべてが、自ら太陽光発電装置やコジェネレーションなど小さな発電装置を設置する場合、同社から買い取り価格に上乗せして受け取ることができる。

補助を受けるにあたって、発電の規模は関係ない。自宅の屋根に太陽光発電装置をつける場合、1キロワット時ごとに最初の5年間は6セント(6円)、それ以降は4セント(4円)が補助金として支給される。コジェネレーションに対しては、最初の5年間は0・5から2セントとなる。これにより、法的な買い取り価格では採算に見合わない場合でも、設置しようというモチベーションにつながる。

ちなみに「太陽セント」による補助は、同社が独自に建設した発電施設には使われていない。純粋に再生可能エネルギーを発電する場所が増えるようにとの願いから、顧客の施設のみを対象としている。すでに全国で1800の設備に投資され、昨年は3000万から3500万キロワット時の電気を生み出した。

省エネアドバイスの冊子を作成

ドイツでは年間1人あたり1700キロワット時の電力を消費しているという。電気が必要なのは仕方がない。けれど生活の質を落とさずに、環境への負荷を減らすにはどうすればいいのか。その答えのひとつが節電である。

シェーナウ電力会社は、電力の無駄遣いが大きな問題だと考えている。人々が意識せずに多くの電力を消費するから、電力会社は大きな発電所を次々と建てる。送電網が国中に張り巡らされ、消費のピークに備えて多量の余剰電力が維持される。

同社では省エネと電力効率化を進めており、2011年に冊子「省エネアドバイス」をまとめた。65ページからなり、同様の内容は同社のホームページでも読むことができる。

ドイツでは1970年から90年のあいだに、1世帯あたりの電力消費は倍増した。電力経済団体（VDEW）によると、91年から2001年に家庭での電力消費は毎年0・6％増え、1 22億キロワット時から1310億キロワット時となった。高い電気代にもかかわらず消費は増えつづけ、2005年には1420億キロワット時、2010年も同じくらいである。冷蔵や冷凍より、テレビやコンピュータの消費が増えている。

工業界も含めたドイツ全体の電力需要は91年は5400億キロワット時、2001年は5 50億キロワット時だった。2010年には6040億キロワット時に達しており、電力生産は6247億キロワット時といわれている。

火力発電では1キロワット時あたり500から700グラムのCO2を排出するが、コジェネレーションや再生可能エネルギーなら平均100グラムほど。古い褐炭（低品質の石炭）発電所だと1000グラムにものぼる。CO2削減のためにも、再生可能エネルギーの導入と省エネの2本の柱が重要だ。

たとえば60ワットの白熱電球を省エネ電球にすると、明るさは同じで電力消費は15ワットとなる。省エネ電球は値段が高いが、それを差し引いても使用期間中に60ユーロ（6000円）節約できるという。

省エネ電球には、たとえば電球型蛍光灯やLED照明がある。電球型蛍光灯は白熱電球の2割ほどの電力消費で同等の明るさが得られ、LED照明はさらに電力消費が少ない。ともに初期投資は高くなるが、電力消費が少ないうえ、耐用年数が長いため、結果的にはコスト削減につながる。電球型蛍光灯は点滅回数が多いと寿命が短くなったり、スイッチを入れてから明るくなるのに数秒から数分かかるなど欠点はあるが、LEDより安価なためドイツでは広く普及している。

ドイツでは、2009年より徐々に既存の電球の販売を禁止し、省エネ電球の使用を推進している。2009年9月より75ワット以上が販売禁止に。2010年9月より60ワット、2011年9月に40ワットがさらに禁止となった。家庭で使用することはできるが、新規購入はできない。こうして、省エネ電球の使用を促進している。

シェーナウ電力会社では8ワットまたは14ワットの電球型蛍光灯6個組のセットを、それぞれ16ユーロ（1600円）で提供しており、ホームページから注文できる。8000時間使え、暖かい光をかもし出す。8ワットの電球六つを使用した場合、使用期間中に275ユーロ（3万円）、14ワットだと480ユーロ（5万円）節約できる。加えてそれぞれ1トンと1・6トンの

CO_2排出を抑制するという。

テレビなど家電製品では、スタンバイの状態でも電力は消費されている。電源を切っても、機器に小さなランプがついていたり、触って温かかったりすれば四六時中電力を消費している証拠。待機電源をなくすと、4人家族の家庭で年間平均100ユーロ（1万円）ほど節約できるという。コンピュータも電力消費が大きい。休憩のときはこまめに切り、プリンターやネットのルーターも使用しないときは切ると、節約につながる。

省エネアドバイスの冊子には質問コーナーもあり、知っているようで実は知らないことがが満載。以下は、質問の例である。

〈問題〉

A　電気コンロで鍋のふたをして料理したときと、ふたをしないときでは、電力消費は何倍違うか

B　ブラウン管のテレビで、スタンバイにすると、テレビがついているときと比べて電力消費はどのくらい違うか

C　壁の断熱をよくすると、どのくらい暖房費を節約できるか

（答え）A＝約3倍　B＝テレビがついているときとほぼ同じ　C＝約50％

個別訪問で省エネ推進

普通の電力会社は、自社商品である電力をできるだけたくさん売って儲けようとする。なかには夜間電力を安く販売し、電力による暖房というきわめて非効率な方法を消費者にすすめている会社もある。送電線を所有していると、その地域の人々へ直接的な営業がしやすいため、その地域での電力会社の影響力は大きくなる。しかしシェーナウ電力会社は、電気暖房や電気自動車をすすめることはせず、むしろ消費者に省エネを呼びかけている。省エネを促すということは、自社商品の販売量を減らすことを意味するが、ウルズラは「利益の最大化を追求するのが、わが社の目的ではない」と話す。

ミヒャエル・スラーデクはある日、近所の肉屋に出かけた。店舗と調理場を見て「食器洗い機への湯は、食器洗い機自身で温めるのではなく、ガスボイラーの湯を使うといい」「旧型の温水ポンプはやめ、新型にすれば最大8割エネルギーを削減できる」と次々アドバイスしていく。しかもポンプを新しく購入するさい、シェーナウ電力会社は75ユーロ（7500円）の補助を出す。多くの人に、無駄なエネルギー消費を減らし、限りある資源を最大限に活用してほしいとの願いからである。地域住民と交流することで、身近な問題が浮き上がってくる。顔の見えるつながりを大事にしている。

コジェネレーションの推進

コジェネレーションは、熱と電気の両方が活用できる非常に効率的な発電装置だ。とくにミヒャエル・スラーデクは、コジェネレーションを「エネルギーシフトに欠かせない画期的な技術」だと考えている。大型の発電所を遠方に造り、長い送電線で送ってくると、電力のおよそ3分の2が失われる。そのため、近くで発電してその場で熱と電力を使うほうが効率がいいとの考えだ。

病院や学校、事務所、アパートなど建物の地下室にコジェネレーションを設置すれば、建物全体の熱と電力がまかなえる。現在は天然ガスが主な燃料となっているが、バイオガスやペレットでも可能である。再生可能な自然原料を元にすれば、環境にも負担が少ないうえ、自家発電と同じだから外部の状況に左右されず、停電のときにも強い。発電で生まれた熱はお湯にしてタンクに貯めておくことで、料理や入浴、暖房に使える。ちなみにドイツでは湯を全室に循環させ、住居全体を暖めるのが一般的である。

2002年にコジェネレーション法が制定され、2009年1月より改正となった。再生可

社内のコジェネレーション装置と息子のセバスチアン・スラーデク

能エネルギー熱法と同じく、コジェネレーションで生まれた熱も固定価格で買い取りされる。2012年現在で、電力の買い取り価格は発電容量により1キロワット時あたり0・002セントから0・5セントとなっている。改正にさいし、コジェネレーションで発電される電力を全電力の15%から将来25%に引き上げることを目標に掲げた。

ミヒャエル・スラーデクは、コジェネレーションでドイツ全土のエネルギーの4割がまかなえると考えているが、そのためにはコジェネレーションの電力買い取り価格の引き上げが必要だとしている。

シェーナウ電力会社は2009年末よりガスも供給している。ガスについてはとくに宣伝はしておらず、現在は南ドイツのバーデンヴュルテンベルク州とバイエルン州、そしてブレーメンに1万近い顧客がいる。

ドイツでは暖房や給湯に天然ガスを使うのが主流のため、ガスは電力と並んで生活に欠かせないエネルギー源となっている。後述するように、シェーナウ電力会社は他の地域でも送電網の買い取りを進めているが、送電網買い取りにはその自治体の電力供給権を獲得することが必要となる。自治体にとっては電力とガスをひとつの会社に任せたほうが手間がかからないため、供給会社に両方を求めるところが多い。また、ガス供給をすることで、バイオマスや水素の電気分解で生まれたメタンガスを蓄え、顧客に提供できるようになるなど、電力とガスの両方で自然エネルギーを促進できる。たとえば顧客は自宅のコジェネレーションをシェーナウからのガスで動かし、生まれた電力を買い取ってもらうことも可能となる。

「原子力に反対する100個の十分な理由」

「原子力に反対する100個の十分な理由」は、原子力の害についてあらゆる角度から分析したものである。ドイツの具体例が盛り込まれており、他国にも当てはめることができる。「安全基準と健康被害」「事故と大災害のリスク」「気候保護と電力供給」など10の項目に分かれ、わかりやすく解説されている。たとえば原子力産業に流れ込む巨額の補助金や、電気料金のからくりについて。「原発の電力は安い」というのが嘘であることがわかる。ウランを発掘するさいの環境汚染や人々への健康被害も深刻だ。そこで働いている人はウランの危険性について知らされていない。被ばくした作業服のままうちに帰り、子どもを抱いたりする。まさに犯罪的だ。

「ウラン鉱山業からの強毒性の汚泥は、住民と環境を脅かす」「原子力からの電気はCO2ゼロではない。ウラン採掘やウラン精製、ウラン濃縮には莫大な量の気候変動の原因となる温室効果ガスが排出される」としている。連邦環境省が委託した極秘調査によると、原発に飛行機が突っ込むテロが起これば安全な原発はひとつもないとの結果も紹介されている。

ドイツ語版はもちろん、現在は英語、フランス語、ロシア語、ノルウェー語、クロアチア語、ポーランド語版がある。福島第一原発の事故後、日本語訳も作成された。日本語版の末尾には「破局的な大災害」「故郷の喪失」など、福島の事故について参照できる項目が列記してある。2012年2月の段階ですでに2万5000回以上ダウンロードされたといい、好評だ。ウルズラは「福島での事故が、少なくとも日本の脱原発につながればと願う」と話し、多くの人に読んでほしいとしている。

より多くの人に原子力の危険性について知ってほしいと、各言語版ともすべてオンラインで無料公開している。オリジナルのドイツ語版には、情報の出典がリンクとともに詳しく記されている。またドイツ語版の冊子は1冊1ユーロ（100円）と廉価で販売。76ページからなり、100%リサイクル紙を使用している。100冊まとめてなら60ユーロ（6000円）で、1冊あたり60セント（60円）。反原発運動の催しなどで配布してほしいとの希望による。

▼「原子力に反対する100個の十分な理由」日本語版（本書の巻末に抄訳を収録）
http://100-gute-gruende.de/pdf/g100rs_jp.pdf

商品テストの自然エネルギー部門で一番に

ドイツでは、独立した第三者機関が審査する商品テストが人気である。たとえば「エコテスト」では、食料品から雑貨、車、保険まで、さまざま商品を比較してランク付けしている。多くの消費者がテスト結果を参考に買い物するため、上位に輝いた商品は売れ行きが伸びる。２０１１年５月の自然エネルギー比較の料金部門で、シェーナウ電力会社は一番に輝いた。これは小口消費者、すなわち一般家庭や単身世帯において、自然エネルギーを購入する場合、シェーナウが一番お得だということである。２０１０年４月にも同じく「エコテスト」にて「最優良」のお墨付きを得ている。

２０１２年２月には、同様の「商品テスト財団」による自然エネルギー会社の比較で、全国19社を比較したところ、シェーナウは「エコロジカルな取り組み」で「最優良」と認定。料金についても「優良」とされ、料金については一番消費者に配慮した体系となっていることがふたたび認められた。ただよそから電力を買ってきて販売するだけでなく、新しく風力発電装置を建設したり、市民によるソーラーパネルやコジェネレーション設置を支援するなど、エネルギーシフトへの独自の取り組みも評価された。

シェーナウ電力会社は、基本料金が月額6ユーロ90セント（700円）と安いのが特徴である。基本料金をぎりぎりに抑え、使った分だけ払ってもらうことで節約を促すのが目的だ。ドイツ国内の自然エネルギーでは、リヒトブリック社の基本料金がもっとも高く8ユーロ95セント（900円）となっている。

1キロワット時あたりの値段では、シェーナウ社は23・9セント（24円）で、他社は21・25セント（21円）から24・80セント（25円）となっている。すなわち、単身世帯で年間使用量が1300キロワット時になる場合は、シェーナウ社だと月額およそ33ユーロ（3300円）である（価格は2011年3月現在）。ちなみにドイツでは1人世帯の平均電力消費は年間1300キロワット時、4人家族で3500キロワット時である。

間違ったことには声をあげていく

2011年に政府は、電力を年に1000万キロワット時以上消費し、年7000時間以上送電線を使用する大型需要家は、送電線使用料を払わなくてよいと決めた。それにより総電力の15％を使用している約520社が支払い免除となる。免除分は中小企業や一般家庭に割り振られるため、たとえば年間3500キロワット時使用していた家庭では、1年あたり26ユーロ

（2600円）相当だった送電網の使用料が35ユーロ（3500円）相当となる。本来省エネを推進すべきところを、より多く使う企業が支払いを免除されるという本末転倒の政策だ。

シェーナウ電力会社は、この政策がエネルギー経済法、そしてEUの指針に反すると判断し、裁判に訴えることにした。このように社では、間違っていると思うことには直接会社と関係がなくても声をあげていく方針だ。

また2010年より、ドイツ政府は130億ユーロ（1兆3000億円）を投じるブラジルの原発建設に対して保証人となっている。自国では脱原発を決定しながら、ブラジル政府の原発推進を支援するものだ。シェーナウ電力会社はネットを通じて反対キャンペーンを展開しており、多くの人々に協力を呼びかけている。

市民による供給会社設立への支援

2002年より2011年まで、シェーナウ電力会社は200キロほど離れたところにあるシュヴェービッシュハル電力公社に顧客への請求書作成を委託していた。契約が切れるのを受けて、2011年冬よりコンピュータ設備を導入。今後は自社の請求書作成だけでなく、他の電力会社の電力供給マネジメントサービスも始めたいと考えている。ノウハウの提供だけでなく、実際的な業務を代行することで、市民など初心者でも電力会社を始めるハードルは低くなるだろう。

　自分たちで再生可能エネルギーの供給をしたいという市民グループの支援も実施している。ノウハウ提供はもちろん、技術的支援など多角的にサポートする。２０１２年５月より、シェーナウから30キロほど離れたところにあるティティゼー・ノイシュタット市で市民運動から発展した会社「ティティゼー・ノイシュタット電力供給社（ＥＶＴＮ）」が電力供給を始めた。これもシェーナウ電力会社の支援があってこそだ。ミヒャエル・スラーデクやマーティン・ハルムは同市議会との交渉にも参加し、専門家としてアドバイスをした。シェーナウ電力会社の実績を見込んで、市長や市議会も、まったく実績のないＥＶＴＮの供給に同意した。技術的なメンテナンスや電力の買い付けも引き受けるなど、全面的に協力している。最初はＥＶＴＮが60％、シェーナウ電力会社が40％を出資の予定だったが、シェーナウ分の10％は一般市民に参加を募ることにした。「市民参加は社会の変化に欠かせないもの」との考えからだ。

　シュトゥットガルトでも、地元電力公社と協力し、シェーナウ電力会社が40％を出資して自然エネルギー供給会社を立ち上げる計画が進んでいる。

　首都ベルリンでも、２０１５年からの電力供給をめざして市民グループが活動しており（189ページ参照）、シェーナウ電力会社に支援を求めている。シェーナウから８００キロ離れているため、送電線のメンテナンスや緊急時の補修など実際的な提携は難しいが、ノウハウの提供は約束している。市民が送電線を買い取り、電力供給権を取り戻したのはシェーナウ電力会社が先駆者とあって、各地から協力要請が絶えない。

社屋をパッシブハウスに

社屋はもともと1895年に建設された機械工場を改装したもの。手狭となったため、最近南側に一部増築し、旧社屋部分を全面改修。2011年にパッシブハウスとして生まれ変わった。パッシブハウスとは、外からのエネルギーをパッシブ（受け身）に最大限に利用するもので、暖房のためのエネルギーは通常の8割も抑えられるという。壁にしっかりと断熱を施し、3枚重ねの窓ガラスを使用。空気循環器で新鮮な空気を取り入れつつ、太陽の熱と光は外に逃がさない。初期投資は高くなるが、電気代や冷暖房費が節約できることから、長期的には得である。屋根の上のソーラーパネルが電力を生み出し、地下室のコジェネレーションで熱と電力をつくっている。

新築部分と旧社屋部分は一体感をもたせるため似たような外観としたが、屋根の傾斜の向きだけ変えた。新築の屋根は南向きに細かい傾斜をつけ、ソーラーパネルが効率よく発電できるよう配慮した。旧社屋部分は東向きの傾斜となっており、南ほど効率はよくないが、ここにも太陽光発電装置を設置している。新社屋で年間2万8000キロワット時、旧社屋で1万キロワット時ほど発電しており、これで社内の使用電力はまかなえる計算だ。新設したばかりの倉庫の屋根の上にも太陽光発電装置が並ぶ。

事務所内は広々とし、天井の明かり窓から自然光が入ってくる。改修にさいして、室内には地元の木材を取り入れた。部屋の仕切りにガラスを使い、社内を見渡せるようにした。ドイツではひとりまたは数人で事務室を共有するのが一般的だが、いわゆる日本のオフィスのように、大部屋にしてみなが一体感をもって仕事ができるようにした。機能的であり、かつ心理的に働きやすい職場となるよう配慮するとともに、人員増加を見越して余裕のある構造にしたという。「古い社屋を改装し、パッシブハウスにするのは思った以上に大変だった」とウルズラは話すが、なんとか実現にこぎつけた。

社屋の裏には、カバレット上演室がある。カバレットとは風刺劇のこと。電力会社が独自のカバレット会場を持つのは全国で例がない。「シェーナウは小さい街だから、文化娯楽が少ない。車で遠方まで行かなくても、ここで地元の人にカルチャーを楽しんでもらいたい」と、全国からアーティストを招待して年に5、6回上演。住民の文化生活向上に一役買っている。この会場でさまざまなイベントも開催しており、毎年開いている再生可能エネルギーのセミナー

自然光を採り入れた室内。社員の働きやすさを重視している

には、全国から２００人から２５０人が訪れる。自治体職員や専門家、大学教授、市民団体など多彩な顔ぶれが、最新情報を交換し、議論に花を咲かせる。２０１２年6月30日には、電力供給開始15周年を１０００人近くで盛大に祝った。

古い社員と新しい社員

社員はシェーナウ近辺出身の人が多いが、なかには遠方から、会社の理念に賛同して応募してきた人もいる。現在はスラーデク夫妻の息子２人も働いており、組合員の賛同を得て責任ある立場となっている。

長男のセバスチアン・スラーデクは考古学を勉強したあと大学で働いていたが、２００８年にシェーナウ電力会社に入社した。営業を担当するシェーナウ販売会社の代表を務める。「この会社は政治的なポリシーをもった会社だと思う。電気を売るだけではない。社会に貢献しているという意識がある。チェルノブイリが起こったとき、僕は9歳だった。ずっと両親の活動を見てきたが、正しいことをしていると思っていた。子どもたちはみな、親の背を見て育った」と話し、自分も一員となれたことを喜んでいる。

ふたつ年下の次男アレキサンダーは社会学と哲学を大学で勉強したが、２０１１年より入社。

最初の有給社員であり現代表のマーティン・ハルム

シェーナウエネルギー社の代表として、送電線買い取りなどのプロジェクトを担当している。シェーナウ電力会社代表のマーティン・ハルムは一番古い社員であり、会社初の有給の社員である。ハルムは97年4月に入社し、2012年4月1日でちょうど15年になる。それ以前は3年間、200キロほど離れた別の市の電力会社で送電線の整備など電力技術全般について仕事をしていた。96年に「シェーナウの人たちと会ってみないか」と知り合いから電話をもらったのがきっかけだった。入社後は、顧客サービスや電力調達も仕事となり、試行錯誤の連続だった。電力自由化前で、今後の見通しはまったくつかなかったと言い、「まさか、こんなに大きく全国的に認知される会社になるとは思わなかった」と話す。

いまは会社を総括するとともに、他社との交渉を担当。会社の将来については5年から10年のスパンで考えている。「ドイツは本当に脱原発するのか。10年、20年後に原発がなくなったとき、どの電力会社も横並びになるのではないか。反原発への取り組みが終わったら、次に何をすればいいのか」。未来のエネルギー像について考えをめぐらせている。

将来の計画

こうした活動のほかに、シェーナウ電力会社では将来に向け、以下の3点を大きな柱と考えている。これにより、同社の理念をいっそう具体化することができる。

将来に備え、近隣の送電線買い取りを進めている。いずれ原発がなくなり、ドイツで供給される電力がすべて100%再生可能エネルギーとなれば、どこの電力会社から購入しても同じになるだろう。シェーナウ電力会社の理想は、地域ごとに風力や太陽光、地熱、水力など地理に適した発電をおこない、その地で電力を消費すること。地産地消となれば、送電の無駄もない。そうなると、シェーナウ電力会社からあえて購入する人が少なくなるかもしれないという考えからである。

1――送電線を買い取る

送電線を所有していれば、他社がその送電線を使用すると、使用料が収入となる。それには市町村と電力供給契約を結び、その自治体の送電線を買い取る必要がある。これはガス配管も同様だ。将来的に電力やガスの販売量が減っても収入が確保できるよう、送電線やガス配管の買い取りを進めている。

電力やガスについては、市町村と供給会社が契約をして決める。期間は20年と法的に決まっており、期限が切れる数年前に全国に周知される。希望者は誰でも名乗りをあげることができる。コンセプトを示し、電力会社としての仕事内容、顧客数、停電時間などさまざまなことがらを提示。自治体が議会で決定する。決定を受けて、既存の電力会社から送電線を買い取る値段交渉が始まる。技術的な移行準備も必要となる。

2011年11月に、シェーナウ市と送電線についての契約更新をした。そのさい、これまで担当していなかった市内の一部をさらに買い取ることができた。そこは事業所区域なので、電力需要も大きい。シェーナウ電力会社のマーティン・ハルム代表はもともと電気技術者だが、この手の交渉を得意とする。社の理念も骨身に染みている。

2──独自に発電所を建設する

ドイツで脱原発を実現するには、ますます再生可能エネルギーが増える必要がある。たとえばラウテンバッハにある障がい者と健常者が生活する授産施設に、太陽光発電設備を設置した。また東ドイツのある地域でも計画が進んでいる。多くの場合は口コミで情報が回ってきて、相手と相談しながら決めていく。

風力や水力発電にもあちこちで投資している。再生可能エネルギーはリスクが少なく、確実に利益を生む投資であるため、組合員も賛成している。今後も組合員を募り、市民参加型の発電所を建設していく予定だ。しかし、すべてを自分たちで投資するのではなく、パートナーを募って協力しながらやっていく。とくに風力発電の建設や、古い水力発電所の改修などでは、自治体や住民がパートナーとなる。現在、シェーナウ市より南西へ10キロほどいったツェル、ヘーグエルスベルク、クラインヴィーゼンタル地域で風力パーク建設を進めている。上述の3自治体の議会が2012年3月にすでに賛同しており、市民参加を募って5基から10基の風力発電装置を設置する計画だ。

福島原発の事故は、大手電力会社による集中型電力供給は、ひとたび何かあると社会全体の脅威になるということを見せつけた。あわせて、独占企業に任せきりでいる政府の危機管理能力のなさも露呈した。人間の根本にかかわるエネルギーの問題を、最大利益を追求する企業に任せきりでいいものか。

一極集中型の市場構造を変えるには、市民参加で小さな施設を各地に造ることが重要だ。市民が積極的に発電にかかわることで、エネルギーの消費に対しても意識的になるだろう。風や太陽、地熱、水力など、その地にあるものを活かした施設を建設すれば、環境への負荷も少なく、送電ロスも最小限となる。エネルギーの地産地消は理想の将来像であり、このような分散型で小型の自然エネルギーなら、故障や事故があった場合でも、影響は限定的だ。それぞれ違った要素で発電しているので、状況に合わせて補完しあうことができる。

3——反原発運動を支援する

脱原発には、国民による意志表示が不可欠だ。前述の「原子力に反対する100個の十分な理由」は、反原発運動に大いに役立つと考えている。2011年には福島の原発事故をきっかけに日本語版を作った。そしてアメリカでゴールドマン環境賞を受けたさいオバマ大統領に手渡すために英語版を作った。原発建設計画が進むポーランドやフィンランドからも引き合いがある。各国の人が翻訳して反原発運動に利用することを歓迎しており、誰でもどの国の言語にも訳すことができる。出典としてシェーナウ電力会社を明記すればよく、著作権使用料はかからない。真実を知ってもらうことが反原発運動の第一歩だと考えており、多くの人に読んでほしいとしている。

各地の反原発デモにも参加し、求められればスピーチもする。再生可能エネルギーのみの電力供給を実践しつつある会社によるスピーチだから説得力がある。脱原発や市民による電力供給をテーマにした講演会も開いており、多くの人に関心をもってほしいと願っている。

COLUMN

リヒトブリックとフォルクスワーゲンの「家庭発電所」

ドイツの自動車業界ナンバーワンのフォルクスワーゲン（VW）と、自然エネルギーを供給するリヒトブリック社による「家庭発電所（Zuhause-Kraftwerk）」が注目を集めている。VWの低燃費車用エンジン「エコブルー」を一軒家やアパートの地下室に置いて、熱と電気をまかなうもの。2010年秋より実用化され、全国ですでに約450基が設置された。分散型でフレキシブルに発電でき、かつコスト減とエネルギー効率化が見込めるため、原発の代替技術として期待されている。

「エコブルー」はVWの車種キャディやトゥーランで使われている。このエンジンにより、コジェネレーションと同じしくみで天然ガスで発電するとともに、生まれた熱を給湯や暖房に使う。高さ1・75メートル、幅1・18メートル、奥行き0・84メートルと小型で、VWが製造し、リヒトブリック社がメンテナンスを請け負う。

電気と熱の双方を利用するため、エネルギー効率は90％と高い。CO2排出も6割減となり、環境負荷が少ない。将来はバイオガスの使用も可能であり、環境にやさしいエネルギー供給となる。

ハノーファーの工業見本市で展示された「家庭発電所」

「家庭発電所」本体は、リヒトブリック社の所有になる。熱利用の契約をリヒトブリック社と結ぶことになり、最低10年の契約となる。自宅の地下室に設置するには暖房設備を新調する必要があるため、約5000ユーロ（50万円）の自己負担となる。別途毎月の使用料として20ユーロ（2000円）の基本料金と、使用したガス代がかかる。しかし地下室の場所代として5ユーロ（500円）戻ってくるほか、ガス代に割引きが適用される。古い暖房設備に比べて8割、新しい設備よりも2割の暖房費削減が見込めるといわれる。メンテナンスや修理などいっさいはリヒトブリック社がおこなうため、手間いらずだ。熱は自家使用として給湯や暖房に使われるが、電力はリヒトブリック社の所有のため公共電線に送られる。その家庭で使う電力は、どこから購入してもよい。

同設備を設置するには、暖房や給湯に年間最低4万5000キロワット時分のガスか5000リットルの灯油を使う規模の建物でなければならない。熱の利用が少なければ効率が悪くなるからだ。大きな一軒家や2世帯住宅をはじめ、複数の世帯の入ったアパートや小さな事業所などに適しているという。

リヒトブリック社は将来、各地の「家庭発電所」をネットワーク化し、再生可能エネルギーの補助電力として利用していく構想だ。風力やソーラー発電ができない天候のとき、遠隔操作で「家庭発電所」を稼動させ発電する。必要に応じてフレキシブルに対応でき、自然エネルギーの補完の役割を果たす。10万台の設置をめざしており、いずれは原発2基分をまかなう計画だ。エネルギーシフトに貢献する技術として大きく宣伝している。

第4章
市民参加こそ脱原発への道

ウルズラ・スラーデクさんへのインタビュー

オバマ大統領に「原子力に反対する100個の十分な理由」を手渡す

――日本でも再生可能エネルギーの固定価格買い取り制度がこの夏から施行され、市民が自分たちで発電しようという動きが起こりつつあります。市民運動から電力会社を設立し、15年前から自然エネルギーを供給しているシェーナウ電力会社の例は、日本でもたいへん参考になると思います。まず概要から聞かせてください。どこから電力を調達なさっているのでしょうか。

現在、わが社ではほとんどの電力をノルウェーの水力発電から調達しています。自然エネルギーというと、スイスやオーストリアの水力から調達している会社も多いでしょう。ドイツ国内の水力発電所はほとんどが大手電力会社の所有です。それらの会社の多くは発電とともに小売もしているため、「エコロジカルな」水力発電の電力は他社に売らず、消費者に販売しています。ですから、どうしても外国からになります。

ただ再生可能エネルギーならなんでもよいというのではなく、その会社のポリシーを重視しています。原発の関連会社や子会社、火力発電の会社などからは買いません。私たちの払ったお金が回りまわって、火力や原子力に投資されるようなことはあってはならないからです。火力や原子力とはまったく関係のない、独立した発電所から買うようにしています。

さらにできる限り、新規の施設からの購入を心がけています。既存の施設からの電力を他社と取り合うようでは意味がありません。新しい発電源が増えてこそ、再生可能エネルギーが増えたといえるのです。2012年のエコテスト（第三者機関による客観的な商品比較テスト。110ページ参照）の結果を参照していただければわかりますが、私たちの会社は自然エネルギーの電力会社として一番に選ばれています。

そのほか、顧客でソーラーパネルやコジェネレーションなど再生可能エネルギー関係の発電施設を新規に造った人たちを「太陽セント」で援助し、それらの施設から電気を購入しています。自社でも太陽光発電装置やコジェネレーション、風力発電装置に投資をし、地元の住民と協力して場所を決め設置しています。

EUの指針により、2012年下半期より、ドイツの環境省は電力由来証明書登録の制度を導入することになりました。これがないと、本当に再生可能エネルギーだと言えません。わが社ではすでに証明書をつけ、電気が本当にエコであることを証明していますが、していない会社もあります。証明の必要がなければ、少量の再生可能エネルギーをどこからか買い、その事実をもってすべての電力をエコだと主張するようなことができます。この制度が導入されれば、このような不正は防げますから、大歓迎です。

――そもそも市民運動を始めたみなさんは電力業界とは無縁だったとお聞きしましたが、会社運営のノウハウはどうやって得たのでしょうか。

26年前、チェルノブイリの事故が起こったとき、原発や環境についてはまったくの素人でした。だから、一生懸命自分で勉強しました。いまもすべて知っているわけではなく、新しいことをいつも学んでいる状態です。私はもともと小学校教師で、電力や環境問題について特別興味があるというわけではありませんでした。必要に迫られて勉強しましたが、なんでも一生懸命取り組めばおもしろいと感じています。

――自然エネルギーを推進し、かつ市民参加を促している企業は他には見かけません。業界の先駆者として、いろいろなところから協力を求められているのではないでしょうか。

電力供給をしたい団体、反原発運動をしている人たちなど、さまざまな人から問い合わせがあります。ノウハウなど教えられることは協力しますが、すべてができるわけではありません。遠く離れたところに出かけるのも頻繁にはできません。しかし、何年もこの分野にいるので、ネットワークがあります。誰がどのような助けを必要としているのか、適切な人や団体を紹介することはできます。また他の電力会社向けに、電力供給マネジメントのサービスも始めていきます。

もちろん海外の反原発運動についても、応援しています。たとえば、福島の原発事故が起こってから「原子力に反対する100個の十分な理由」の日本語訳を作りました。オンラインで無料公開しており、すでに2万5000回以上ダウンロードされています。現在ポーランドで原子力発電所の新規建設の計画があり、ポーランド語版もできたばかりです。またフィンランドでもイーオン社が自然保護地区に原発を計画中で、フィンランド語に訳そうという動きもあります。「原子力に反対する100個の十分な理由」は無料で提供しており、どの言語に訳してもらってもかまいません。「原子力のない社会」を実現するのが私たちの目標なのですから。その土地の住民の動きが、反原発運動の鍵になります。

——社員3人から出発したということですが、いまではずいぶん大きな会社となりました。今後の課題は何でしょうか。

会社を正しい方向に発展させていかなければと思っています。現在の売り上げは1900万ユーロ（19億円）で、社員は約70人になりました。会社が発展すること、大きくなることは悪いことではありません。1700しか顧客がいなかった当初と、13万の顧客がいるいまでは、まわりの受けとめ方や、政治家の対応も違ってきます。

しかし、会社の方針には、正しい方向と間違った方向があります。間違った方向に行かないよう注意しなければなりません。そのためには、日々の努力が欠かせません。目標を定め、正しいと信じたところにとどまることです。

社員にもいろいろいます。ビジョンに共感している人もいれば、ただ生活の糧のために働きに来ている人もいます。若い人で同じ気持ちをもっている人を探しているのですが、なかなか難しい。幸い、オーナー会社ではないのに、私の息子2人が入社しました。2人はチェルノブイリが起こったとき、9歳と7歳でした。私たち夫婦が原子力のない社会を求めて活動しているなかでずっと育ってきましたから、信条をよく理解しています。

民主主義とは、4年に一度選挙に出かけるだけであとは政治家に任せるのではなく、市民一人ひとりがかかわること、責任をもつことです。それは会社も同じ。ひとりの優れた経営者がよい会社をつくるのではなく、社員の一人ひとりが責任をもって取り組むことでよい会社となると思っています。

シェーナウ市の事務所にて

うちの会社は、市内で一番社員数が多く、法人税の納付額は2番目になります。他社が人減らしをするなか、わが社は社員を増やしています。2011年には新たに20人雇用しました。これまでコンピュータ関連や顧客への請求書送付には他の電力公社の協力を得ていましたが、契約期限切れを機に、2011年11月よりコンピュータ設備を独自に持つことにしたためです。これにより、どこからの助けもなく、まったく独立した会社となりました。

会社は協同組合のような形になっており、組合員が出資して運営しています。現在組合員は1830人。この地域周辺の人が中心ですが、誰でも参加できるため全国に出資者がいます。2011年冬には社員にも組合権をボーナスとして支給しました。会社に収益が出れば、配当もあります。これにより社員にも、この会社の一部なのだ、一緒に運営しているのだと知ってほしいと思っています。

組合員には誰でもなることができ、ホームページから応募できます。ただし、その人を受け入れるかどうかは私たちで決めます。たとえばイーオンの社長が申し出てきたら、遠慮してもらうつもりです（笑）。

――当初は資金集めが大変だったそうですね。ＧＬＳ銀行が支援してくれたそうですが、どういうきっかけからでしょうか。

知り合いの仲介で、銀行のほうから話がきました。おかげで全国の人からファンドという形で出資してもらうことができました。この銀行にはアイディアマンがいて、寄付金集めなどでいろいろ助けてもらいました。資金を調達するさい、小口の寄付も重要ですが、大口寄付も必要です。福島の復興にも、お金持ちの支援が必要ですね。お金のある人を見つけて、その人を説得して寄付を募るのもひとつの手です。社会的企業を支援する非営利組織もあるので、そういうところの助けを借りることもできるでしょう。

——市民運動をするうえで、大事なことは何だとお考えですか。

変化には「すべての人が必要！」なのです。政党を超えて、みんなが参加することが大事です。一人ひとりが重要なのです。すべての人の力を借りることです。

人はそれぞれ違います。人に変化を迫るとき、まずその人の立場になって考えることが必要です。その人を、そのままに受け入れること。できない人はそれでいいのです。理事のひとりにも、２００２年から２００９年までほとんど活動しなかった人がいるのですが、また戻ってきました。いまはすごく熱心に取り組んでいます。ありがたいことです。

ひとつのテーマに集中することも重要です。大事なテーマはいくつもありますが、どれもこれもはできません。することを絞るのです。人間ですから、できることとできないこと、得意不得意がある。人生の喜びを感じることが必要です。楽しくない世界なら、維持する必要はないでしょう。

もともと私はものごとを率先するタイプではありません。引っ込み思案なほうです。しかし、公《おおやけ》の場で話をしなければならないとき、誰もしたがる人がいなかったので仕方なく引き受けていました。そのうちに、いつの間にか私の担当になりました。一度メディアに出はじめると活動の顔のようになり、指名されるようになります。最初のころは、緊張で原稿を棒読みするのが精一杯でしたが、だんだん慣れてきました。2011年4月にアメリカでゴールドマン環境賞の授賞式があり、各人2分話す時間を与えられました。英語だったので原稿を用意していきましたが、3000人を前にしても緊張せずにスピーチすることができました。人間、変わるものです。

当初、仲間うちで「あなたばっかり、注目を浴びて」と言われたこともありました。好きで表に出ているわけではないのですが。「それなら、チェルノブイリで被ばくした子どもを助ける仕事を受けもってください」と彼女に言いましたが、そんなことはしたくないという。子どもを支援するのは楽しい仕事です。感謝されるし、子どもが元気になるようすを見るのはうれしい。それなのに、そんな仕事は嫌だという。そういう人に対して、どうすればいいのか。どうもしようがありません。ただ相手がそうであることを受け入れるだけです。

いま、日本ではチェルノブイリのときと同じ論議がされています。何が正しいのか、正しくないのか、どう行動すべきなのか。自分を変える、発展させるには、人それぞれ必要なものが違います。私が「原子力のない社会」を強く求めるようになるためには、チェルノブイリが必要でした。福島の事故が必要だった人もいるでしょう。別の人には、さらに新たな事故が必要なのかもしれません。それは人それぞれなのです。意識変化には時間が必要で、かかる時間も人それぞれです。ですからその人を、そのままに受け入れることが大事です。

――チェルノブイリの事故のあと、各地で反原発運動が起こりましたが、その多くはいつの間にか消えてしまいました。シェーナウの運動はなぜ成功したのでしょう。

最初にビジョンがあった！　ということです。「すべての原発を停めて、１００％再生可能エネルギーにする」というビジョンです。

このビジョンは大きすぎて、実現への道のりは長く険しいため、無力感を覚えたこともありました。けれど、この大きな目標を小さいものに分けて取り組むとやりやすくなります。たとえば省エネコンテスト。これはわかりやすい。誰もが参加でき、実生活に結びついています。

市民運動をしているともちろん、仲間うちでいさかいや喧嘩があります。男たちは大声で怒鳴りあいをしますが、女性がいると全体のバランスが取れます。しかし、女性でも陰で悪口を言うなど、いろんな人がいます。私の主な役割は、みんなの仲介役、緩衝材となることでした。その役割が必要とされていたからです。そうしているうちにここまで来ました。いまこうして活動しているのも、それが必要だからです。最初は志を同じくする10人ほどのメンバーで始めましたが、その時点ではほとんど知らない人たちばかりでした。途中でやめたり、新しく仲間に加わったりした人もいます。けれど活動を通して、真の友人になりました。

自分たちの取り組んでいることについて理解してもらうためには、その人その人に合ったアプローチが必要です。みなが技術的なことを知りたいわけではないのです。仲のいい友達がおり、何回も原発や省エネについて話をしていたのですが、いつも反応がいまひとつでした。そのうち彼女が「風刺劇ならできるけど」と言いはじめ、それはいい、と試してみることになりました。その友達がグループをつくり、省エネについての劇を上演しました。これは大好評でした。日ごろ原発や省エネに興味のない人に、関心をもってもらうきっかけとなりました。

「気楽に、いい加減に」、そして野次馬大歓迎。あんまり真剣に考えすぎずにやるのがポイントです。たとえば「台所の世界チャンピオン」をテーマに環境クイズをしました。よく考えると、誰が台所の世界チャンピオンであるか、判断するのは難しい。厳しい人なら、どの料理のどこがエコなのか正確にチェックできない、と言うでしょう。けれどそれでいいのです。100%完璧でなくていいのです。人生の喜びを感じるのが大事なのですから。

また、地元のメディアを巻き込むことも大事です。「変な人たちが変な運動をしている」と私たちを見ていた記者をお祝いの席に招待したら、その後新聞記事が出ました。「シェーナウの市民団体のメンバーはごく普通の人たち。食事を楽しんでいた」と。これまで、よっぽどエコに固執する偏狭な集団だと思われていたようです。

長続きさせる秘訣は、段階ごとの目標をもつこと。うまくいったらみんなで喜んでお祝いすること。そして次に進む。そのくりかえしです。活動を楽しくするために重要なポイントです。

そしていろんな形でいろんな人を巻き込む。さまざまな分野の人を呼び込むのです。

市民投票のさいに企画した「ふるさとの夕べ」の催しでは、70歳、75歳の人たちがランプを持って音楽にあわせて歌いました。壮観でした。多くの人がさまざまな形で参加してくれました。

いま振り返ると、有意義な26年だったと思います。シェーナウの活動は反原発運動のシンボルとなっていましたから、成功して本当によかった。そうでなければ、人々からの支援、金銭的援助、モチベーションなど、すべてに報いることができなかったことになります。

「黒い森の人たちは特別なのですか。どうしてこのような活動が可能となったのでしょうか」という質問をよく受けますが、私にもわかりません。ここは他の地方都市と同じく、保守派が強く、特別環境問題に関心が高いわけではありません。けれども人々は私たちに勇気を託してくれました。当時は無我夢中でよくわかりませんでしたが、いま振り返ってみるとよくわかります。人々は、私たちを信じ、未来を託してくれたのです。本当に誇りに思います。

——どうしてエネルギー供給に市民参加をすすめるのですか。ややこしくなるのではないでしょうか。

そのほうが、おもしろいから。そしてそうあるべきだからです。もちろん複雑になる部分もあるでしょう。エネルギーというのは、人類にとってもっとも大事なテーマのひとつです。だから市民参加が正しい形だと考えています。できれば最初から参加することです。私たちのように市民的な会社、協同組合制だと、誰でも参加できます。1口いくらで出資し、1口購入した人も100口購入した人も、誰もが平等に1票を持っています。

シェーナウだけでなく、他の土地でも自治体や市民が電力供給をすべきだと思っています。再生可能エネルギー100%にするには、さまざまな小さな行動の積み重ねが必要で、産業革命に匹敵するぐらい画期的なことです。風、水、太陽など、その地にあるものを活用するのです。コジェネレーションはどこでも使えます。電力を誰かにつくってもらうのではなく、自分たちでつくり消費すること。電力のピークについての対応も自分たちでできるでしょう。そうすれば外から買い付けたり、よその発電事情に左右されたりすることがありません。地域分散型で生産すれば、大掛かりな送電網は必要なく、輸送のロスもなくなります。いまこのコンセプトの具体策について、大学と共同研究を進めています。

福島の事故は、大手電力会社による集中型の電力供給は、何かあると社会全体の危機につながるということを示しました。エネルギーはデモクラシーであり、「どのように生きたいか」「私たちの社会はどの方向に発展していくのか」ということに密接にかかわっています。一極集中型の市場構造を変えるには、市民参加で小さな設備を各地につくることです。社会を変え

社員たちとともに　©EWS Schönau

るには時間がかかります。道のりは長いけれど、ひとつひとつのプロセスが大事です。

大きな送電網を建設するさい、地元の反対がかならず起こります。反対が起こると、建設が必要であるにもかかわらず、計画が進まなくなります。だから最初から情報を出して、市民に参加してもらえばよいのです。一緒に考え、一緒に建設し、一緒に儲けてもらいたい。電力供給を自分たちの手に取り戻すことは、外部への依存や脅威から解放されること、生き方を自分で決めることです。

98年の電力市場自由化の前は、自治体による第三セクター形式での電力公社が電力供給をするのが主流でした。自由化の結果、大手に吸収されるなどし、別会社に供給を託したところが多くありましたが、最近また自治体で供給しようという動きが戻ってきています。

97年に供給を始めたとき、１５０万マルク（９０００万円）の資本金で始めました。現在は1000万ユーロ（10億円）を扱っています。広告はまったくなしでこれだけ集まったのです。自然エネルギーを買うだけでなく、自然エネルギーの分野を伸ばしたい、自分の理想とするエネルギー市場をつくりたいという人々の願いがここに込められています。全国でも市民参加による電力供給は不可能ではありません。

――チェルノブイリの事故を知ったとき、福島の事故を知ったとき、それぞれどんな気持ちだったのでしょうか。同じでしたでしょうか。

チェルノブイリは、ヨーロッパのそばで起きたはじめての大きな事故でした。ドイツでも放射能が検出され、いまでも野生のイノシシやキノコから見つかっています。びっくりしたし、不安でした。「技術的に遅れているロシア人だから仕方ない」という声も聞かれました。

けれど、福島のときは違いました。金曜日に日本で地震と津波が起こり、土曜日に福島原発のことを知りました。ネッカーヴェストハイム原発から45キロ離れた都市シュトゥットガルトまで、手をつないで人間の鎖をつくるデモが土曜日にあり、そこにちょうど出かけるところでした。福島のことを聞いたとき、「なんということ！」と怒りでいっぱいになりました。日本は先進国で、技術大国です。その日本で……というショックは大きかった。26年前にチェルノブイリでどういう惨事があったかみんな知っているはず。にもかかわらず原発を推進し、福島の事故を招いたことに怒りを感じました。

福島の事故にもかかわらず、ポーランドなど新規建設を進めている国があります。またフランスでは8割が原発の電力のためか、反原発運動はあまり盛んではありません。けれど少しずつですが、小さな反対運動が生まれつつあります。

——ドイツの現政権は2022年の脱原発を決定しました。この政策についてどうお考えでしょうか。

キリスト教民主同盟（CDU）のメルケル首相は物理が専門で、博士号も持っています。原子力について知識がなかったとは思えません。危険性を知ったうえで、致命的な事故は起こらないと考えていたのでしょう。2010年秋の原発稼動延長を決めたときに大きな反原発運動があったこともわかっている。だから福島事故の直後に、原発推進では票を失うと思って急遽方向転換しました。この脱原発はしかし、上から自動的に起こったわけではありません。市民の反原発運動という下からの圧力があったからこそ、実現したのです。その意味では、市民が政府を変えたのです。

メルケル首相は前年10月に、2000年に前政権が決めた脱原発政策を覆し、原発の稼動延長を決めたばかりでした。その半年後には福島原発事故を受けて稼動延長を取り消したのですから、党内の原発推進派の人たちは、首相の変わりようを理解できずにいます。半年前に原発は大丈夫と言っていた人が、一転して脱原発を打ち出しているのですから。福島事故後のドイツでの反原発運動の大きさに驚き、パニックになったのも一因かと思います。

政府の脱原発の決定には賛同しますが、実現までのやり方には疑問を感じています。政府は2050年までに電力の8割を再生可能エネルギーでまかなうことを目標としていますが、それまでのつなぎとして新たに天然ガスなど火力発電所の建設を計画しています。火力発電所の新設は時代に合わないとしか思えません。

国内の大手電力会社4社は、原発により安定した巨額の収入を得てきました。脱原発が決定的となり、4社は原発の代わりとなる目玉商品を要求しています。それが、火力や洋上風力など大型集中型発電所です。北海に大型の洋上風力パークが建設されていますが、このようなプロジェクトは大きな電力会社しかできず、集中型発電になります。しかも洋上風力の買い取り価格は陸上風力の倍近くです。洋上は大企業、陸上は主に市民参画によるものですから、企業優先の政策です。政府の脱原発は分散型ではなく、集中型発電を想定しており、このままではエネルギー市場の構造は変わりません。市場の構造が変わらないと、2022年の脱原発は難しいのではと思っています。加えて、政府は洋上風力発電や地熱発電に研究費をかけていますが、その分陸上の風力発電や太陽光発電、コジェネレーションに対しての支援が手薄となっています。

送電網の整備も遅れており、せっかく生まれた風力の電気が容量オーバーで送電線に受け入れられないという事態も起こっています。経済大臣が「太陽光の電力は高すぎる」と買い取り価格を下げようとしているのも問題です。多大な補助金や核廃棄物の処理費を考えると原発の電気のほうがずっと高額になります。再生可能エネルギーが本格的に広まるかどうかの瀬戸際に助成を引き下げると、再生可能エネルギーの分野は伸びなくなるでしょう。また、自然エネルギーの蓄電技術やスマートグリッドの開発も必要です。

――「ドイツが脱原発を決めても、他国から原子力の電力を買うのなら意味がない」との意見がありますが、どうお考えでしょうか。

よくこの質問を受けますが、「ドイツが原発の電力を買っているから脱原発は意味がない」というのは間違いです。ドイツは電力輸出国です。輸入する電力より、輸出する電力のほうが多い。フランスから原発の電力が入っているのは事実ですが、ヨーロッパの送電網はつながっているため電力が相互に流れるのです。ドイツで生産された風力発電の電力が、ドイツの送電網の容量を超えるためポーランドに流れることもあります。2012年2月の大寒波では、電力暖房が主流のフランスでは電力が足りなくなり、ドイツから電力を購入しました。ドイツでは太陽光発電により最大1時間あたり300万キロワットの電力を生み出しています。

電力輸出国であるドイツが脱原発を決めたことは、他国に対しても「脱原発の電力モデル」として大きな意義があります。

――家庭向け電力市場が現時点では自由化されていない日本で、何ができるでしょうか。アドバイスをお願いします。

いろいろあります。太陽光発電装置を設置したり、風力発電所を市民で建てるのもいいでしょう。2002年に講演旅行で日本に出かけたとき、3週間で16回講演し、あちこち回りました。そのとき新潟県の巻町で原子力発電所建設について住民投票をしたと聞きました。このような動きが日本でもあるのだと、頼もしく思いました。

省エネできる可能性も大きいと思います。省エネと電力効率化で、消費電力をずいぶん減らすことができるでしょう。私たちも、顧客が暖房用ポンプの新規購入をするさい、75ユーロの補助金を出しています。みんなが古いポンプをやめて効率的な新型ポンプを導入すれば、それだけで原発2基分の電力が節約できます。テレビなどの待機電力をやめるのも有効です。冷蔵庫やコンピュータ、電灯など、使い方を少し見直すだけで、ずいぶん省エネできます。

――福島原発の事故が、ドイツや世界にもたらしたものは何でしょう。

福島の事故により、ドイツでは政党を超えた「脱原発は必要」という国民の総意が生まれました。政府はこれを無視することができず、ドイツは脱原発路線に戻りました。福島の事故がなければ、ドイツが脱原発できなかったのは悲しいことです。

以前は「農地に風力発電なんてとんでもない」と言っていた人々が、あちこちで「いますぐ建てよう」と言いはじめ、首長や議会も賛成しています。事故の報道を見て、エネルギーシフトが必要だと認識したからです。自然エネルギーを買う人がこれまでにない伸びで増えました。各電力会社でも、エコオプションとして自然エネルギーを用意しています。

福島の事故により、再生可能エネルギーを求める声が高まり、エネルギーシフトへのプロセスが早まったことは確かです。26年前にチェルノブイリの事故があり、ドイツではじめて人々が再生可能エネルギーに興味をもつようになりました。しかしそれだけでは足りなかった。福島の事故が起きてはじめて、ドイツやスイスは脱原発を決めましたが、フランスやアメリカは方針を変えません。惨事が起こらないと学べないとは、なんと皮肉なことかと思います。

しかしドイツで政府が脱原発を決定したからといって、本当に脱原発が予定どおり実現する保証はありません。本当にうまくいくのか他国が見守っています。できないと思っている人も少なくない。だから私たちの会社でも、本当に脱原発ができるよう協力して、証明しなければならないと思っています。

日本では、これまで原発の危険性について考えたことのなかった人がほとんどではないでしょうか。福島で事故が起きて目が覚め、考えはじめたところでしょう。各地でデモが起こり、母親や女性が立ち上がっています。これからが正念場です。ドイツでも脱原発を決めるまで時間がかかりました。粘り強くずっと反対しつづければ、いつかかならず実を結びます。

日本が脱原発を決めるのか、多くの国が見ています。日本が決断すれば、他国も追随するでしょう。福島でのできごとを、せめて将来を変えるチャンスにつなげてほしいと願っています。

政治家は、原発は危険だとわかっているはずです。ロシアやアメリカ、イギリス、フランスでも事故がありました。大きく報道されていないだけで、うやむやにされてきたものもたくさんあります。もっとひどい事故が起きなければ、世界は原発が危険だと学ばないのでしょうか。

2001年9月11日のアメリカでのテロで、飛行機が原発に突っ込んでいたらと思うと空恐ろしくなります。

発電には他に手段があります。それなのにリスクの多い原発に頼ることは、愚の骨頂としか言いようがありません。サンフランシスコでは、活断層の上に3基も原発があります。数年内に地震があるといわれており、地震があれば大惨事になることは間違いないでしょう。

２０１１年にゴールドマン環境賞を受賞したとき、オバマ大統領に面会しましたが、大統領はとても疲れているようすでした。ちょうど歳出予算案についての議会の詰めで、野党ともめていたころです。隠し持っていた英語版の「原子力に反対する１００個の十分な理由」を手渡しましたが、読んでくれたでしょうか。忙しくてじっくり読む時間などないでしょうが、せめてぱらぱらめくってくれたのではないかと期待しています。大統領の疲れたようすを見て、アメリカの大統領にはなりたくないと思いました(笑)。もちろんドイツでも政治家にはなりたくありません。今後も企業人として、自分で決定し、行動していきたいと思っています。

――今日はお忙しいなか、ありがとうございました。ますますのご活躍をお祈りしております。

（２０１２年１月30日、シェーナウ市の事務所にて）

COLUMN

自転車でさわやかに

　ドイツ人は自転車が大好き。街中から郊外まで自転車道が整備されており、通勤、通学など片道1時間通う人もよく見かける。ママチャリ系より、長距離を走れるしっかりしたタイプが人気で、老若男女が自転車道をびゅんびゅんと走っている。ライン川やエルベ川など川沿いに長距離の自転車道が整備されているほか、主要路線が整備されており、国中をサイクリングできる。

　自転車専用道は歩道にある場合もあれば、車道にあることもある。専用道がないときは車道を走る。自転車専用の信号もあり、自転車道を歩いていて自転車にはねられても文句はいえないため、歩行者は注意が必要だ。

　私の住む北ドイツのハノーファーは人口52万人。ニーダーザクセン州の州都で、森の中に街があるといわれるほど緑が多い。ヨーロッパの都市部にある森としてはパリのブローニュの森に次いで大きいアイレンリーデの森があり、市全体に自転車道が整備されている。市民のなかでは車やバイクの利用者は28%と一番多いが、自転車は19%、公共交通機関19%、徒歩25%、誰かに乗せてもらう人が10%となっている。ハノーファーでは夏場に5回、夜8時から自転車で20キロほど市内を走るイベント「ヴェロシティナイト」が開かれている。夜10時近くまで明るいため、だん

自転車専用道

だん暗くなっていく空を眺めながら緑の中を走るのは爽快で、数千人が参加する。車を使わないノーカーデーのイベントも毎年おこなわれており、自転車使用を推進している。

同市の近距離交通網会社ウーストラでは、定期券を持っている人に、毎月プラス7・95ユーロ（800円）でカーシェアリングの会員になれるほか、タクシーが2割引き、ドイツ鉄道が25％引きのサービスをしている。路面電車、バス、鉄道、自転車、タクシー、カーシェアリングの組み合わせでマイカーいらずだ。ウーストラ社の交通網は2000年のハノーファー万国博覧会開催をきっかけにいっそう充実し、市内に網目のように張り巡らされている。路面電車のブレーキを利用して発電したり、社屋にソーラーパネルを設置するなど、気候保護についての取り組みも進んでいる。

義務ではないが、ほとんどの子どもはヘルメットをかぶっている。2歳くらいから足で蹴って走る自転車に乗りはじめ、3、4歳で子ども用自転車に。10歳までは歩道を走ることが許されている。自転車の後ろに引いて走る子ども用ワゴンもよく見かける。幼児が二人まで乗れるので便利だ。

休みの日には、郊外でサイクリングを楽しむ人も多い。ドイツ鉄道では1日4・5ユーロ（450円）で自転車を列車に積み込むことができる。ICEなど特急や急行はだめだが、鈍行や快速ならOK。夏場は自転車専用車両が登場するほどの人気で、サイクリング者用のツアーやホテルも盛況だ。

専用車両に自転車を積み込む

COLUMN

ドイツ最大の環境教育施設　学校生物センター

ハノーファーにある市営学校生物センターは、ドイツでもっとも歴史があり、かつ充実した環境教育施設である。1883年に設立され、約7ヘクタールの敷地を誇る。植物や動物はもちろん、宇宙やエネルギーなどテーマは幅広い。最近では、環境保護や自然エネルギー、ごみ、交通など「持続可能な発展」がキーポイントに。他の市町村はもちろん、日本など各国からの視察団も絶えない。

学校に属する施設なので、市内と周辺町村の小・中・高80校の生徒がクラス単位でやってくる。森林部分をはじめ、農園や温室、薬草庭園、池、動物飼育小屋があり、子どもたちが五感を使って自然を体験できるように工夫されている。

センター内の植物はすべて触ることができ、クジャクが歩き、屋外調理場がある。40種類のトマトの木は、実がなると形や味を比べることができる。飼育小屋には野生種のニワトリ、魚や水棲動物がいるほか、ハムスターやウサギ、ヘビ、トカゲ、クモも手に取ることができる。メンデルの法則を具現した花畑も圧巻だ。ミツバチの巣では生態を観察した後、巣を絞って蜜を取れる。

太陽熱で調理するソーラークッカー

教師向けの資料も充実している。動植物各種について300種類の冊子があり、教材としてどのように使用できるか詳細に記されている。これにより、教師はセンターに来ずとも学校で適切な授業をすることができる。

教材として動植物の貸し出しをするのも重要な仕事のひとつ。学年が始まる半年前に各学校にどのような植物、動物が必要か問い合わせておく。たとえばネズミなら低学年の子どもは触って生態を学び、高学年は自分たちで繁殖させて遺伝の授業に活用できる。数カ月観察したあと、またセンターに戻せばいい。

「コンポスト」のコーナーでは、落ち葉、わら、草、新聞、プラスチックなど8種類をそれぞれ4年間バケツに保存している。1年ごとにどれだけ土に還っていくか一目でわかる。よく見るとプラスチックだけはまったく減っていない。そしてプラスチック以外の7種を混ぜると一番分解が早い。自然界で落ち葉や枝の分解が早いのも納得できる。ここから微生物やごみについて考えるきっかけになる。

「エネルギーの庭」のコーナーでは、太陽熱で料理ができ、白と黒では熱の吸収が違うことがわかる。日時計やソーラーパネルもあり、冬至、夏至、春分などの太陽の昇る場所と沈む場所が記されている。

週末はボランティアの協力を得て、市民や子ども対象の講座が開かれている。木の実で人

エネルギーの庭

形を作ったり、ハーブの効用について学ぶなど充実したプログラムだ。毎年9月に開かれる環境フォーラムには、全国から自然保護団体や環境NGO、一般市民が訪れ大盛況である。同センターは環境教育にはさまざまな可能性があることを教えてくれる。

▼ハノーファー学校生物センター　http://www.schulbiologiezentrum.info/

第5章
ドイツのエネルギー政策と反原発運動

電気自動車やバイクを充電できるソーラー駐車場（ハノーファーの工業見本市にて）

電力市場が自由化されているドイツでは、現在大小1000社ほどの電力会社があり、市民は電力小売会社を選ぶことができる。実際には住む地域によって選べるのは150社ほど。電力料金が比較できるインターネットのサイトもあり、乗り換えたい人には便利だ。日本でも大型需要者向けの小売は2000年より自由化されているが、家庭向けについては地域独占のまだ。日本でも現在家庭向けの電力市場自由化の議論がなされているが、ドイツの自由化後の状況を見てみることは大いに参考になるだろう。

また、ドイツでは昔から自然保護運動、環境運動、反原発運動が活発だ。隣国のフランスは一貫して原発を推進しており、その違いは著しい。ドイツは緑の党が強く、環境意識が高い。陸続きのヨーロッパでは昔から戦争がくりかえされ、森林が破壊された。そのため意識して森や自然を大事にするようになったのだろう。加えてドイツ人はきれい好きで、整理整頓を好む。道路や公園は徹底的に掃除され、田園風景の中にもごみは見られない。酸性雨やチェルノブイリ事故などで環境が汚染されたことも、ドイツ人の環境についての意識を敏感にした。また、再生可能エネルギー法制定により、買い取り価格を20年間固定したことが、この分野の大きな伸びを促した。再生可能エネルギー推進政策では、ヨーロッパで一番進んでいる。

この章では、電力自由化や再生可能エネルギー法などドイツのエネルギー政策の概要についてレポートする。加えて、原発への市民の考えや、再生可能エネルギーに関する市民の取り組みについても紹介したい。まず、ドイツの反原発運動の歴史についてみてみよう。

最初は歓迎された新エネルギー

1953年にアメリカのアイゼンハウアー大統領が「原子力の平和利用」を打ち出したが、ドイツ（当時西ドイツ）でもこれは歓迎された。社会の発展と福祉のためになる新技術だと、世論も賛成。核兵器の使用にもっとも反対していた社会民主党（SPD）が、核の平和利用には諸手を挙げて賛成するという奇妙なことが起こった。56年の党大会では「核エネルギーは人類の新しい時代を開くだろう。原子力の時代は、すべての人にとって平和と自由の時代になる」と発表した。58年に建設開始、62年より稼働したカール原発を皮切りに、60年代に計7基の商業用原発が造られた。

ドイツの反原発運動の始まりは60年代の終わりになる。西ドイツでは50年代、小さな実験用の原子炉が建設されたさいに反対運動が起こったが、全国レベルのメディアではとりあげられなかった。68年にはドイツ中部のヴュルガッセン原発建設について反対運動が起きた。当時は大規模デモという形ではなく、司法に訴えるという手段が主だった。結局裁判では、建設中止が勧告されたわけではないが、59年の原子力法で安全と核技術の推進の両方を重視するとしていたのに対し、安全が優先するという判決を下した。これはその後の原発建設に大きな影響をもたらす。

しかし73年にはオイルショックが起こる。市民は化石燃料に依存している事実を突きつけられた。その数週間前に、ＳＰＤが政権を握る連邦政府は、原発を積極的に建設していくエネルギー政策を打ち出していた。オイルショックは化石燃料への依存を減らす方向へ、すなわち原発推進にドイツを向かわせるかと思われたが、市民による反原発運動は70年代半ばにかけて、ますます強くなっていく。

75年、南ドイツのフランスとの国境近くのヴィールで、原発の建設予定地を占拠する運動が起こった。これによりドイツの反原発運動においてはじめて直接行動としての占拠がおこなわれた。２月23日には２万８０００人が集まり、なかにはフランスやスイスからの参加者もあった。放水など警察の厳しい対応に、デモ隊は市民の共感を勝ち取る。３月21日にフライブルクの裁判所が暫定的建設中止を勧告した。

そもそもこの反対運動は、発電にともなう冷却塔からの煙が、地域一帯のワイン用のブドウに悪影響を及ぼすのではないかという懸念が始まりだった。そのうち原発についての情報が増すにつれ、放射能の危険性が反対運動の中心となった。2年後、裁判所は「ひび割れ防止」の設備、すなわち万が一事故が起きたとき、放射能が絶対に漏れないような安全措置を要求した。これではコストが高くつきすぎるため、結局電力会社は建設を断念した。

ちょうど前年にフランス側で鉛化学工場建設予定地を占拠してのデモが起きたばかり。農家やワイン醸造業者、狩猟者団体、フライブルク大学の学生など、さまざまな人たちが運動にかかわり、双方とも建設を阻止することができた。

このように、未来を担う新技術と思われた原子力は、次第に批判を浴びるようになってきた。原発を推進してきた政府内では「核エネルギーの危険が増したわけでも、原子炉の安全性が低下したわけでもない。人々の考え、意識が変わったのだ」という声が聞こえるようになった。

核兵器への反対運動は50年代からあり、60年代より毎春の復活祭の休日に、反核を訴えてデモをする「復活祭行進」が定着するなど、多くの参加者を動員していた。これらは「もしも核戦争が起こったら」という恐怖に根ざしたものだったが、原発についても徐々に「原発事故による大惨事が起こるかもしれない」という考えが広まり、それが反原発運動を後押しした。東ドイツでは、ソ連の技術により2基が設置されたが、公な議論はなかった。西ドイツの反原発運動は非暴力的に進められたが、警察による乱暴は批判を呼んだ。北部のブロクドルフ原発やグローンデ原発の建設でも反対運動が起こったが、裁判所は合法としたため建設が進んだ。

北部の岩塩採掘場ゴアレーベンは核廃棄物の最終処分場として選定されたが、本当に適しているのか、70年代終わりから現在まで論争が続いている。79年3月にはアメリカのスリーマイル島で原発事故があり、ドイツでもこれまでにない大きな反原発デモが各地で起こった。

80年代に入ると冷戦が緩和し、反原発運動や平和運動はしだいに様相を変えてきた。環境汚染による森の死滅など、火力発電が批判の対象となる。ドイツでは82年のネッカーヴェストハイム原発建設開始を最後に、反原発運動は下火となってきた。

しかし86年4月26日、チェルノブイリ原発で惨事が起きる。ドイツ市民ははじめて、原発による現実的な恐怖を味わった。大規模な反原発運動が各地で発生し、はじめてデモに出かけた人も多くいた。子どもの健康を心配する母親グループが「ベクレル運動」と称してあちこちで放射能を計測した。正確な情報を出さないソビエト政府、「危険はない」という西ドイツ政府の双方に不信感が募った。

中西部のヘッセン州では85年12月より、ヨシュカ・フィッシャーがはじめて緑の党出身の州大臣となっていた。彼はのちに緑の党が与党入りしたとき外相を務める。フィッシャーは地元で測定された放射線値を市民に即公開するなど、素早い対応をした。これに他の州も追随した。実際に放射能を測定してみると、フランスとの国境付近でとくに高いことがわかった。これはチェルノブイリ由来だけでなく、付近の原発からのものも含まれる。どこの国でもそうだが、他国との国境付近に原発を建てることが多い。フランスもドイツ国境付近に建てており、事故が起これば風向きによってはドイツのほうが被害が大きくなる。

核技術の安全性についても疑問視されるようになった。カルカー原発は85年に完成したが、経済大臣が審査を遅らせているうちにチェルノブイリの事故が起こり、一度も稼動しないまま91年に廃炉が決まった。1億5００万マルク（63億円）の投資はすべて無に帰した。燃料棒など放射性物質が運び込まれていなかったため、遊園地として生まれ変わり、現在では年間25万人以上が訪れている。結局、70年代には16基、80年代には14基が稼働を始めたが、チェルノブイリ原発事故以後、新設はされていない。

現在と違い、当時は自然エネルギーの可能性は未知数だった。技術開発が必要で、既存の電力会社との協力も不可欠だが、見通しが立っていなかった。加えて、地球温暖化が騒がれはじめたころで、CO_2を大量に出す火力発電に戻ることも許されなかった。政府は自然エネルギーにも頼れず、火力を増やすこともできないため、とりあえず原発を継続稼動させることにし、原子力を「新技術が開発されるまでの暫定的エネルギー」と位置づけた。

ハノーファーで、カストル輸送反対運動を記念して建てられた石碑

遊園地に生まれ変わったカルカー原発　　©Wunderland Kalkar

再処理されたドイツの核廃棄物をフランスから戻す「カストル輸送」は、2011年までに13回が実施された。毎回大規模なデモが起こり、なかには列車の線路に体をくくりつけたり、道路を封鎖するなど過激な運動家もおり、2011年11月の輸送には5日かかった。輸送の安全性、そして警備の膨大なコストなどが毎回批判を浴びているが、フランスで処理してもらった自国のごみは引きとらなければならない。

2006年7月、ヴァッテンファル社が所有するスウェーデンのフォースマルク原発で事故があった。「スリーマイル、チェルノブイリ以来の危機」とも称された事故で、原子炉1基の電源が落ち、何重にも用意していた安全システムも機能しなかった。すんでのところで事なきを得たが、あと7分遅ければメルトダウンしていたともいう。「メルトダウンしなかったのは、ほんの偶然」といわれ、事故がスウェーデンという先進国で起こったことに多くの人が驚いた。翌年6月には、ドイツのクリュンメル原発で変圧器がショートして火事となり、ブルンスビュッテル原発でも事故があった。これらもヴァッテンファル社の所有だった。同社は2007年の下半期に500万ユーロ（5億円）をかけてイメージアップの広告を打ったが、およそ20万世帯の顧客が離れていった。同じ2007年の7月にシェーナウ電力会社は3800世帯増やし、記録的な伸びとなった。

2010年秋にドイツ政府がすべての原発の稼動延長を決めたときも、大規模な反原発運動が各地で起こった。そして2011年3月に福島第一原発の事故があり、各都市で反原発運動が再燃。チェルノブイリ事故後25年となった4月25日には、ドイツの12カ所の原発前で一斉にデモが催され、あわせて10万人以上が参加した。福島原発事故の直後とあって、親子連れから年配者まで幅広い層が街に出て、反原発の国民の意志を体現した。

2012年3月11日の日曜日は、福島原発事故から1年の日。ふたたび各地で反原発運動が盛り上がり、5万人がデモに参加した。

ドイツの反原発運動に持続性があり、最終的には脱原発の決定に持ち込むことができたのは、市民運動とメディア、政治、地方自治体、司法、科学者が相互に影響しあっているためだといわれている。情報が一極集中し中央集権のフランスや日本とは違う。

ドイツでは、市民のあいだにデモに参加することへの抵抗はない。興味があれば、ふらりと一部だけ合流して行進することも可能であり、日常の一部といってもいいほどだ。あちこちでさまざまなデモがおこなわれており、日本のように「特別な人たち」だけがするものというような偏見はない。福島の事故後は、車やベビーカー、アパートのガラス窓などあちこちに「原子力？　おことわり」のステッカーが見られた。Tシャツやエコバッグなどのグッズも販売され、反原発運動は生活のなかに入り込んでいる。普通の人たちが、子どもや家族の将来を案じて路上に出ているのだ。

「原子力？ おことわり」のＴシャツを着た家族

電力市場の自由化により発電・送電・小売が分離

1997年、欧州連合（EU）加盟国に対する電力市場自由化についての電力指令が発効。それを受けて98年よりドイツでは電力市場が自由化された。具体的には発電部門と小売市場が自由化され、電力会社は送電部門が運営および会計の上で切り離された。それまで一体だった地域の電力会社から送電線を分離することで、どの電力供給会社も公平に送電線を使えるようにした。

しかし他のEU諸国と違って、自由化当初、ドイツは送電線の使用料金（託送料）については各社の交渉に任せるとした。自由競争の原理に基づくという理由だが、実際のところ独占状態でなくなることに激しく抵抗した既存電力会社の要望を政府が聞き入れた形となった。送電線を所有する既存電力会社は新規参入者に対して高額の使用料を課したため、電力料金は上がり、自由競争とはいえない状態となった。自由化以前に8社あった大手電力会社はイーオン、RWE、EnBW、ヴァッテンファルの4社に統廃合され、全電力の8割を扱うようになった。安さを売りにした新興の電力会社や自然エネルギーのみに特化した電力会社など、新規参入も相次いだが、高い送電線使用料の前に伸び悩んだ。

その後、送電部門は大手電力会社より独立し別会社化されたが、高圧送電網は上記大手電力会社の支配地域そのままに、テンネット、アンプリオン、EnBWトランスポートネット、50メガヘルツトランスミッションの大手4社の所有となった。末端で地域ごとの電力会社が所有しており、2012年3月の段階で、約870社ほどの送電会社がある。

政府は高すぎる送電線使用料を是正するため、2005年に連邦系統規制庁（Bundesnetz-agentur）を設置。新規参入の会社や小規模会社に不利がないよう目を光らせている。同庁は2011年より高圧線の整備計画も担っている。

送電線を流れる電力は海の水のようなもので、風力、水力、太陽光、火力、原子力などすべての発電所からの電力が同じ送電網に流れ込み、各消費者のコンセントまで届けられる。物理的にいえば、ある家に届けられる電力は最寄りの発電所からのものであり、再生可能エネルギーを購入しているからといって、実際にそれが太陽光や風力で発電された電気とは限らない。しかし再生可能エネルギーを選んで対価を支払うことは、原子力や化石燃料での発電を減らすことにつながる。誰も原発の電力を買わなくなれば、原発はおのずから廃炉に追いこまれる。同時に、新しい風力や太陽光の施設の建設を支援することで、再生可能エネルギーの分野を伸ばす意味がある。

独占市場ではないため、価格競争はもちろん経営戦略が重要となってくる。シェーナウ電力会社のように自然エネルギーに特化したり、原発の害について積極的に発信したりと各社が独自性を打ち出している。コスト削減はもちろん、省エネコンサルタント事業やエネルギーモデル地区の創出など、個性的なアプローチが重要となる。事故や不祥事を起こせば顧客は離れていくため、各社とも必死だ。

たとえば著者の住む北ドイツの「ハノーファー電力公社・エネシティ」を例に挙げてみたい。同社は中堅どころ10社のうちのひとつで、ニーダーザクセン州の州都であるハノーファーとその近郊で、65万人分の電力、ガス、水、暖房を供給している。同社はハノーファー市の第三セクターとして発足し、約100年の歴史がある。現在社員は2600人。天然ガス、石炭、風力、水力、バイオガスに加え、小さな太陽光発電装置を数基所有している。自社所有の原発はないが、自社発電分と同量を外部から調達しており、調達分の2割に原子力が含まれている。そのため、同社で扱う全電力の1割は原子力によるもの、ということになる。自由化となったいま、電力会社にとっても新たに大規模な発電所を建設するのはリスクが大きい。顧客へは、普通のミックスされた電力に加え、自然エネルギーのみのプランや、2年間の長期契約をすれば割引きにするなど、さまざまなオプションを用意している。

自由化以前、同社は省エネ指導を熱心におこなっていた。90年代から顧客に無料で電球型蛍光灯を配り、省エネのアドバイスをしてきた。電力会社にとっては、電気を売れば売るほど儲かると思われがちだが、自社で供給できる電力が限られており、年々の消費増に供給が追いつかなくなってきていた。しかし、発電所を新設するには莫大な費用がかかるため、そう簡単にはできない。ピーク時に電力が足りないと、他社から高額で買わなければならず、赤字になる。それを避けるために、省エネについて顧客に理解を求めてきたのだ。たとえば地元企業と、夏のピーク時に30分クーラーを止める契約をした。それによって電力を外部調達する必要がなくなり、その節約分の半額を企業に還元することで、ウィンウィンの関係を築いた。

このような省エネの取り組みにより自社の販売電力は減るが、当時は地域独占のため、電力の単価が少々高くても顧客は他に選択肢がなく、その会社にとどまった。しかし自由化後は、せっかく省エネ相談に乗っても、単価が高いと他社に乗り換えられることがある。とくに企業は複数の電力会社を比較し、1、2年の単位で契約することが一般的となった。そのため同社も、一時は省エネ相談の取り組みを中止していた。

しかし、最近また省エネ相談に力を入れるようになっている。企業に15分ごとの消費量を提示し、省エネの提案をすることで長期契約に結びつける。また市街の北には、省エネ効果の高いLED照明17種類200個を街灯として利用したモデル地域をつくり、他都市の関係者が多く視察に訪れている。ペレットや薪など燃料となる木材の加工・販売をしている木材エネルギーセンターでは、木片を6日間で集中乾燥して暖炉用の上質の薪を製造。また学校や工場、老人ホームなど2000カ所にコジェネレーションを設置した。高圧線の保守業務で働く人たちのためのトレーニングセンターも好評で、ドイツ全土から電力会社の社員や空港関係者が研修に来ている。このように企業存続のため、多角的な努力が続けられている。待っていても顧客が来る時代は終わり、価格競争だけでも生き残れない。顧客ニーズに合わせた新しい企業像が求められている。

再生可能エネルギー法により、エコロジーはエコノミーに

ドイツで自然エネルギーが大きく伸びたのは、市民による反原発運動や再生可能エネルギー推進の力があったことはもちろんだが、なんといっても再生可能エネルギー法によるところが大きいだろう。

ドイツでは1986年のチェルノブイリ原発事故の影響を受け、91年に再生可能エネルギーの買い取りを義務づけた「電力供給法」が制定された。2000年には社会民主党（SPD）と緑の党の連立政権により、高額の固定価格買い取りを20年間保証する「再生可能エネルギー法」が発効。これによりソーラーパネルや風力発電装置を設置した場合、確実に投資の元が取れ、利益を生み出すことが保証された。そのため投資の対象となり、再生可能エネルギー設備

の設置は大きな伸びを示した。施設の稼動開始年によって買い取り価格は年々低くなるが、これは技術発展により設備投資額が低くなると想定されるためである。額が低くなってもその価格が20年保証される（風力を除く）。

この法的整備については、ＳＰＤの議員であったヘルマン・シェアの功績が大きい。シェアは80年代より、原子力と化石燃料からの脱却を訴えてきた。83年よりＳＰＤ議員となり、上述の再生可能エネルギー法の制定に尽力する。99年にソーラーパネルを一般家庭に設置する「10万の屋根プログラム」を実施。２００３年にはバイオ燃料が免税となる法律を定めた。欧州13カ国により88年に創立された公益団体「ユーロソーラー」で会長を務めるなど、幅広く活躍。99年の著書『ソーラー地球経済』は日本語にも翻訳（岩波書店、２００１年）され、多くの人に影響を与えた。２０００年当時はＳＰＤとともに緑の党が与党にいたということも、大きな追い風となった。

固定買い取り価格を設定すると、市場拡大が促され、その技術の製品が安くなるという効果がある。買い取り価格は20年間固定だが、稼動開始年が新しい設備ほど下げていく。いずれはこの法律による支援がなくとも、自由競争下で生き残れるようにすることが目的である。たとえば２０００年当初、太陽光発電の買い取り価格は1キロワット時99ペニヒ（現在の約49セント＝49円）だった。徐々に下がり２０１１年は28・74セント（29円）、２０１２年初頭は24・43セント（24円）となっている。風力は2011年稼動開始の場合、最初の5年は9・02セント（9円）、それ以降は4・92セント（5円）、2012年稼動だとそれぞれ8・93セント（9円）、4・87セント（5円）と下がっていく。

再生可能エネルギー分野の100以上の企業や団体、連邦環境省や農業省でつくる「再生可能エネルギーエージェント」では、再生可能エネルギー推進のための啓蒙運動をおこなっている。自然エネルギーは高いといった偏見を取り除き、正しい知識を普及することを目的としている。さまざまな助成プログラムについても解説している。

同エージェントによると、再生可能エネルギーの利点は以下のとおりである。

- 安定したエネルギー供給
- 経済成長
- 雇用拡大
- イノベーション促進
- 輸出に強い
- 資源の保護
- 気候保護の解決策となる
- エネルギー供給のコスト削減策となる

ちなみに2011年より連邦経済相となった自由民主党（FDP）のフィリップ・レスラーは、太陽光による電力の買い取り価格が高すぎると考えており、大幅な補助金カットを断行。そのためソーラー関連の業界のなかには需要が減って倒産するところも出てきている。一方で、2011年終わりには駆け込みで設置する人が多くいた。

買い取り価格のために上乗せされた負担額は、販売量に応じて、すべての電力会社に平等に配分される。そのため特定の地域や特定の会社に自然エネルギーの買い取りが集中しても、その会社の負担にはならない。上乗せ分は電力会社を通じて電気料金として消費者に配分されるので、最終的には全消費者が負担することになる。2012年初頭、1キロワット時あたり3・6セント（4円）が上乗せ分となっている。ドイツの法律を手本に、世界約50カ国が同様な法律を制定している。

2009年には再生可能エネルギー熱法が発効となり、新築の建物には再生可能エネルギーにより一定の割合、熱を生み出すことが義務づけられた。たとえば太陽光を利用する場合、太陽熱温水器を屋根に設置することで、キッチンや風呂の湯がまかなえる。ペレット暖房を設置するのもいいだろう。2007年には再生可能エネルギーにより生まれた熱はたった6％しか使用されていなかったが、2020年までに14％とすることを目標としている。ちなみに熱でなく、冷気でもよい。新築で50平方メートルの建物では、たとえば太陽光によるエネルギーでは最低15％、ペレットやバイオオイルなどバイオマス関連では50％、コジェネレーションでは50％の熱エネルギーをまかなうこととなり、年間約15万戸が対象となる。法律で義務づけられたことにより、住建会社も最初からそれを含めた住居を設計するようになり、これが標準仕様となった。また既存の建物については、断熱工事のための公的補助も用意されている。

ドイツでも「脱原発は高くつく」とよく言われるが、本当だろうか。固定価格買い取りのための負担は、発展途上の技術を伸ばし、市場を広げるための必要経費である。いずれは、固定価格買い取り制度を廃止しても業界が生き残れるようにならなければならない。国民の多くは原発事故による危険よりは、再生可能エネルギーのためのコスト負担を受け入れる用意がある。

２０１１年のドイツのグリーンピースエネルギーの調査によると、２０１０年は風力発電が1キロワット時あたり7・6セント（8円）、水力が6・5セント（7円）と、原子力の12・8セント（13円）よりもずっと安いという。１９７０年から２０１０年のあいだに原子力は１８６０億ユーロ（18兆６０００億円）の補助金を受けている。一方、再生可能エネルギー分野は５７０億ユーロ（5兆７０００億円）と3分の1にすぎない。これを考慮すると、原発には1キロワット時あたり税金が4・3セント（4円）、再生可能エネルギーには2・2セント（2円）が投入されている計算になる。ここには核廃棄物の処理費用は含まれておらず、これを加えると実際の原発のコストはもっと跳ね上がるだろう。ちなみに3人家庭で年間３５００キロワット時消費したときの電気料金は、1キロワット時あたり平均24・95セント（25円、2011年）だった。

またライプツィヒ保険フォーラムによると、現在の保険では原発事故のさい25億ユーロ（2500億円）しかカバーされないが、本当に事故が起これば60兆ユーロ（6000兆円）補償金がかかると試算。この分の保険料を電気代に上乗せすると1キロワット時2ユーロ（200円）となるため、原子力はもっとも高いとしている。

2011年は再生可能エネルギーで全電力の2割をカバー

2011年、ドイツでは総電力の20％、およそ12万ギガワット時（1200億キロワット時）を再生可能エネルギーでまかなった。再生可能エネルギーの割合は、1991年は3・1％、2000年は6・4％を占め、10％を超えたのは2005年になってからだが、2010年は17％と、着実に伸びてきている。

2011年の場合、再生可能エネルギー以外では、褐炭25％、石炭19％、天然ガス14％、原子力は18％だった。熱の分野でも、再生可能熱エネルギーで10％をまかなった。ドイツ政府は2020年までに総電力の40％、2050年までに80％を再生可能エネルギーで発電することを目標としている。連邦環境省は、2050年までに100％再生可能エネルギーでまかなう

再生可能エネルギーは電力全体の20％（2011年）

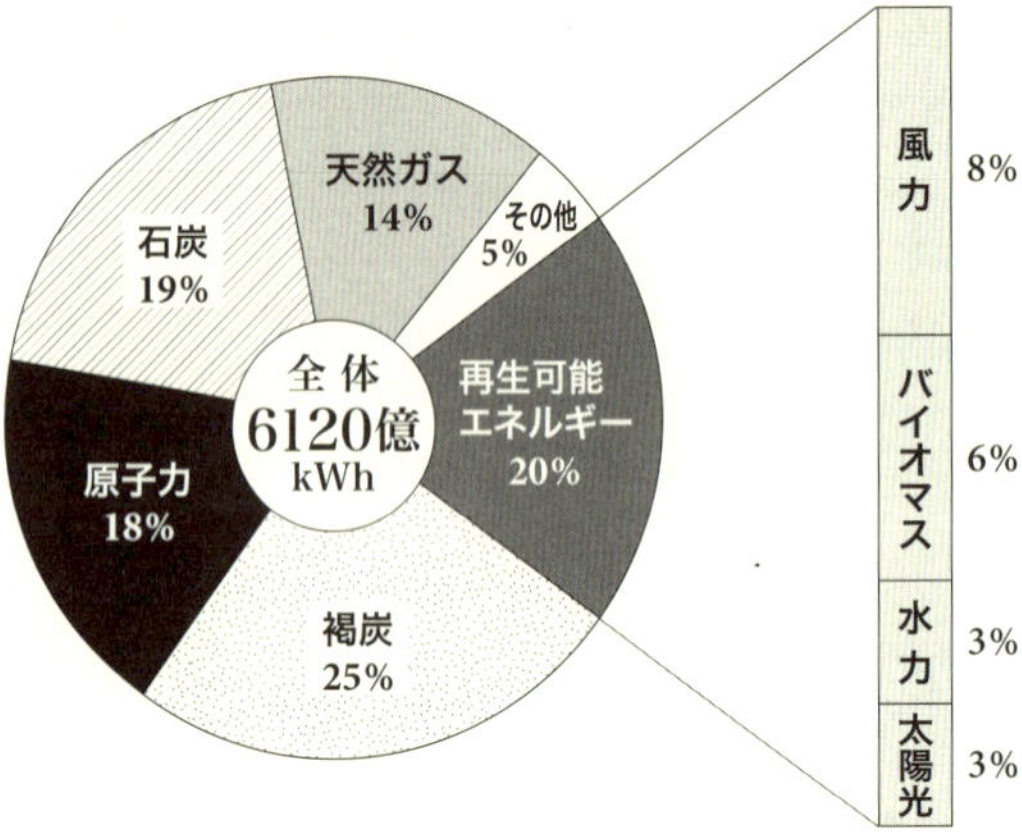

（出典）ドイツ再生可能エネルギーエージェント（www.unendlich-viel-energie.de）資料より

ことも可能だと考えている。

２０１１年の再生可能エネルギーの内訳は、風力38％、バイオマス30％、水力16％、太陽光15％となった。電力全体からみるとそれぞれ８％、６％、３％、３％となる。ドイツ政府はとくに洋上風力発電を優先的に助成する方針で、２０２０年までに10ギガワット（１０００万キロワット）、２０３０年までに25ギガワットの洋上風力発電を目標としている。すでにバルト海でEnBW社による「バルティック１」が２０１１年５月に操業を開始。海岸から16キロのところに風車が21基並び、４万５０００世帯分の電力を生み出している。２０１３年には80基を設置する「バルティック２」が完成の予定で、他にも30以上の洋上風力パークが建設中または計画中である。

北アフリカや中東、南ヨーロッパにソーラーパネルを設置してヨーロッパに電力を供給する案も浮上しているが、長い送電網の構築が必須で、技術的な安定性や各国の治安などから実現は難しいとされている。

再生可能エネルギー分野での雇用も伸びており、現在では37万人が働いている。再生可能エネルギーは一般に原発よりも人手が必要で、雇用拡大につながるとされる。専門職は不足しており、引っ張りだこだ。ドイツの各大学計300ほどの学部で、関連分野の学問が専攻できる。

ドイツはもともと電力輸出国だが、福島原発の事故により当時稼動中の原発17基のうち8基を停止し、稼働は9基となったため、2011年は電力不足が危惧された。しかし2012年1、2月の欧州大寒波でも電力不足にはならず、そればかりか1日平均150〜170ギガワット時（1億5000万〜7000万キロワット時）を輸出。冬でも晴天で風が強い日は、風力や太陽光により十分電力生産ができ、太陽光発電で最大1時間あたり3ギガワットを生み出している。

フランスは原発が55基あり全電力の8割をまかなっているが、電力による暖房が主流のため、2012年初頭の寒波のさいは電力が不足。『フォーカスオンライン』によると、ドイツが昨年自国の原発8基を停止させたときフランスは嘲笑したというが、そのドイツからエネルギーを輸入するはめになった。ドイツは人口が1500万人以上フランスより多いにもかかわらず、ガスやオイル、コジェネレーションでの暖房が主流のため、電力使用は半分ほどで済んでいる。

省エネとエネルギー効率化

エネルギーシフトには、再生可能エネルギーの施設建設とともに省エネが欠かせない。ドイツでは、エネルギーの専門家に自宅に来てもらい、省エネの可能性についてアドバイスしてもらうことができる。家の中をチェックしてもらい、生活に合わせた電化製品や電力消費の仕方を指南してもらう。電気をこまめに消したり、テレビやオーディオ、給湯器の待機電源を切るだけでもずいぶん節約できる。省エネ電球に替えたり、窓を機密性の高いものにするのも効果がある。

学校を挙げて省エネに取り組み、節約した分の半分を補助金として各学校に支給している自治体もある。そのお金で校庭に遊具を設置したり、理科や図工の機材を揃えた学校もある。見返りがあるので、子どもたちもやる気満々。クラスごとに省エネ担当者を決め、チェックをして学級で話し合う。家に帰ってから両親に省エネの大切さを説く子どももおり、家族にもよい影響を与えている。小さいころから電力や省エネについて学んでおけば、それは一生身につく。

楽しみながらでき、節約もできるとあって一石二鳥である。省エネコンテストも効果的だ。

企業に無料で省エネアドバイスをおこない、節約した分の半分を報酬として受け取るコンサルタント会社もある。ハノーファーにあるコンサルタント「プロクリマ」では、省エネやエコな試みをしている会社を表彰している。ドイツでは春の復活祭前に40日間断食をする習慣があるが、プロクリマはこの時期「電力の断食」と称して省エネルギーを呼びかけている。

エネルギーを効率よく利用することも重要だ。ドイツエネルギーエージェントによると、ドイツには1979年以前に建てられた建物が1300万軒ある。そのうち70%は断熱が施されていないという。このような古い建物では壁や窓、屋根、扉や床から熱が逃げていく。ドイツではエネルギーのほぼ9割を暖房や給湯に使っているため、断熱をよくすれば暖房費が節約できる。とくに古い建物では断熱工事により、平均50%暖房費が節約できるという。断熱工事には政府が補助金を出し、2012年は9億ユーロ(900億円)を予定している。賃貸のアパートを改修した場合、改修費は家賃に反映されるため、家賃の上昇が予想される。低利子の改装用借り入れのさいの税優遇制度もあるが、州政府の反対にあって進んでいない。エネルギー効率化は必須とあって、今後の推移が注目されている。

市民出資で建設された風力発電装置マティーナ

「風車を建てたい人集まれ！」専門会社がコーディネート

エネルギーシフトに直接関与したい人にはさまざまな方法がある。たとえば風力発電装置建設のプロジェクトに出資するのもそのひとつだ。自然エネルギーは全量買い取りが保証されており、原子力や火力発電の電力よりも優先的に送電線に取り込まれる。政府は原発の代替として大型の火力発電所を計画しているが、自然エネルギーの発電量が増えれば、火力発電所を造る必要はなくなる。

農地の中にすっくとそびえる風力発電装置「マティーナ」。フランスの芸術家がデザインした風車は高さ85メートルで、本体には色とりどりの水玉模様がついている。ハノーファーにあるヴィンドヴェルツ社は、風力発電装置建設の企画から設置までを請け負っている。場所を確保し、装置を設計し、建設許可を取得し、出資者を募る。建設後の運営やメンテナンスも請け負っている。マティーナのプロジェクトもそのひとつで、ハノーファーで万博が開かれた2000年に完成した。

同社は、将来に欠かせない分野だとして1994年、5人で起業した。当初経営は厳しく、給与の一部として自社株式を授与するなどしてきたが、2000年の再生可能エネルギー法に

市民出資で公民館の上に設置されたソーラーパネル（ハノーファー）

より固定価格での買い取りが保証されると、風力発電は一気に伸び会社も大きくなった。エコロジーはエコノミーだと、ビジネスとして出資する顧客が増加したからである。現在では風力を中心に太陽光やバイオマスにも進出。これまで１３９基の風車、31基の太陽光発電装置、１カ所のバイオマス施設の建設プロジェクトに携わり、総投資額は40億ユーロ（４０００億円）に。社員は１３０人となった。出資者の多くは個人であり、同社も経営策の一環として一部出資している。同社のローター・シュルツェ社長によると、ドイツでは再生可能エネルギー分野での投資の75％は個人（個人事業者を含む）であり、他国では例を見ないという。

ハノーファーの位置するニーダーザクセン州でも、２０２０年までに再生可能エネルギーで州の電力の９割をまかなうという目標を掲げている。ダヴィット・マックアリスター知事は、送電網の整備、蓄電技術の開発、再生可能エネルギーの施設建設が重要だとしている。核廃棄物の中間貯蔵所があり、原発もある同州ではとくに再生可能エネルギーへの転換が重要だとの意識が強く、企業や市民を巻き込んでの官民運動を展開している。

ハノーファー市内では「ソーラーシェア」という団体が、市民から出資を募って学校や公民館、図書館の屋根にソーラーパネルを設置している。

このようにドイツ全土でさまざまな専門会社や市民団体が、風力発電や太陽光発電などを計画し、一般市民から投資を募る例が多く見られる。買い取り価格は法律で保証されているため、リスクは少なく、銀行の定期預金よりもずっと配当がいいと評判だ。プロジェクトにより出資額はさまざまで、1口50ユーロ（5000円）のものもあれば5000ユーロ（50万円）というものもある。出資者は自分の懐と相談して決めることができる。

自然エネルギーを買う人の増加

ドイツには全国に電力供給する主要な四つの自然エネルギー供給会社のほか、大手の子会社や地域でできた小さな会社などがいくつかある。主要な4社とは自然保護団体の関係者がつくった「ナチュアシュトローム」、グリーンピースが母体となっている「グリーンピースエネルギー」、企業家がつくった一番規模の大きい「リヒトブリック」、そしてシェーナウ電力会社の四つである。22の環境団体や反原発グループが作った「自分でする脱原発（Atomausstieg Selber Machen）」のリーフレットでは、4社の料金やサービスを比較している。無料のホットラインもあり、どうやって自然エネルギーを購入すればいいのか、どの会社がいいのか迷っている人にアドバイスしている。すべての人が自然エネルギーのみを購入すれば原子力発電所は廃炉にせざるをえなくなるとして、より多くの人の乗り換えを後押ししている。

福島原発事故後は、自然エネルギーを買う人は爆発的な伸びを見せ、たとえばナチュアシュ

主要な自然エネルギー電力会社4社のパンフレットと、「自分でする脱原発」のリーフレット（左端）

トローム社は事故後1年で顧客は10万増となり、2012年初頭で25万となった。リヒトブリックは60万、グリーンピースエネルギーは10万、そしてシェーナウ電力会社が12万5000に。他の自然エネルギー供給会社や、既存の電力会社で自然エネルギーのみを供給するオプションを用意しているところでも増加している。

しかしドイツ全体の約4000万世帯（人口約8200万人）のうち、自然エネルギーを購入しているのは100万世帯ほど。「福島事故以後、自然エネルギーを求める人が増えたが、それでもまだ少ない。最近、福島は忘れられつつあるようだ」と、ナチュアシュトロームのデュアコープ氏は話す。福島原発の事故から1年以上たち、ドイツで原発についての議論は下火になってきた。事故直後は原発反対の意味を込めて自然エネルギーに乗り換える人が増えたが、現在は一段落し以前のレベルに戻っている。

自然エネルギーは値段が高いと思われがちだが、そうとは限らない。たとえばＲＷＥ社の子会社「イエロー電力」は安さを売りに参入したが、消費量によっては自然エネルギーのほうが安い場合もある。自然エネルギーのみを扱う会社は概して広告費が少ないので、価格を安く抑えられるのである。イーオンやＲＷＥなど大手になればなるほど膨大な広告費が投入され、結局は小売価格に反映される。

また、各社が「エコ電力」を供給するなか、どれが本当に信頼するに足るのか、戸惑う声もある。２０１２年下半期より、ドイツの環境省が電力由来証明書登録の制度を導入することになるのは朗報だ。これにより、どこから電力が調達されたのかが証明されるようになる。

電力供給を市民や自治体の手へ

ドイツではもともと自治体所有の電力会社が各地にあるのが一般的だったが、シェーナウ市のように民間会社に設備を売却して電力供給権を譲る自治体もあった。１９９８年の電力自由化以降は、第三セクターであった電力公社の多くは民営化されたり、吸収合併されたりした。

しかし最近になって、電力供給を自治体の手に取り戻すことがブームとなっている。エネルギー消費者団体によると、２００７年より２０１１年3月までに１００以上の市町村が電力供給権を取り戻し、うち40以上の地域で新たに電力公社が生まれた。

これには、民間電力会社のサービスへの不満や、自治体の要望が聞き入れられないことに対する不信感が要因となっている。自治体が電力供給に関与することで、電力源の開発や選定はもちろん、価格やサービス内容などの面でも自分たちの望むような電力供給を実現できる。たとえば大手電力会社が採算に合わないとして放置していた地元の小さな水力発電施設を再稼動させたり、ソーラーエネルギーに追加補助をするなど、独自に自然エネルギーの推進を図ることができる。電力供給を通して、電力や環境に対する自治体の考え方を表現できるのである。

ドイツでは各市町村の議会が、どこの電力会社に電力供給を委託するかを決める。契約は20年有効で、契約が切れる2年前、その情報が連邦機関で公表される。興味のある電力会社や団体は誰でも応募でき、自治体は候補者を審査して決める。

とはいえ、電力自由化の前と後では状況が異なる。電力自由化以前は、供給権を獲得すれば自治体に属する公共施設はもちろん、市内の全世帯に独占的に供給することができた。しかし、自由化後のいまは公共施設への供給のみ。個人や事業所は好きなところから電力を購入できるので、自治体と同じところを選ぶことも、別会社を選択することもできる。

自治体への供給には送電線の買い取りが必要で、議会が可決しても買い取りが実現しなければ供給できない。新規供給会社と既存の供給会社のあいだでは、利害の対立からしばしば適正な買い取り価格を取り決めるのが難しく、争いとなることが多い。裁判には5年、10年かかることも珍しくない。そのためシェーナウ電力会社のように、とりあえず払っておいて、後から裁判で取り戻すという方法がひとつの解決策となる。しかし巨額の資金調達が必要で、容易ではない。

自治体自身が電力供給を担うとなると、自分たちの思い通りに運営できるうえ、金銭的利益が生まれる可能性がある。もちろん、うまくいかない場合のリスクも大きく、事前の綿密なリサーチが必要である。シェーナウ電力会社のアセスメントにも寄与した、電力コンサルタント会社ベットのヴォルフガング・ツァンダーによると、とくに電力供給の経験のない自治体にとって、すべての仕事を自分たちでやるのは難しい。だから電力買い付けや顧客への請求書発送などを協力企業に委託するのもひとつの手である。供給権確保に乗り出すか乗り出さないか、準備には最低3年かかるという。

市町村だけでなく、市民が会社を設立して電力供給を始めているところもある。ドイツ北西部に位置するオスナブルック市では、２００８年に市民有志で「Ｎワーク」という団体を結成。１９１人の組合員の出資により、電力を供給している。学校や公民館など市内すべての公共施設や動物園にソーラーパネルを設置。昨年は42万5000キロワット時を発電した。地元の木を使って木片燃料を作っているほか、将来は風力発電にも携わりたいと考えている。同団体のオット・ベッツィヒ氏は「ソーラーモジュールは中国製のほうが安いが、あえてドイツ製を使用している。これにより配当は1キロワット時あたり1~2セント下がるが、企業のように最大利益の追求が目的ではない。組合制だからこそ可能だ」と話す。団体を設立してからしばらくはボランティアとしての仕事量が多いこと、また法的枠組みの整備がまだ十分でないことを課題としているが、市民が電力供給に携わる意義を高く評価している。

他にも、ベルリンやシュトゥットガルトでも電力供給権獲得のために運動が始まっている。首都ベルリンでは、2014年末に大手電力会社ヴァッテンファルとの契約が切れる。ヴァッテンファル社はドイツの原発電力の7%を占めている。ベルリンは人口約350万人。2011年夏、26の環境団体や社会団体の関係者が賛同して「ベルリン新エネルギー」という団体を結成した。同団体は「民主的でエコロジカルで社会的な電気を」と、市民参加による100%再生可能エネルギーでの供給をめざしている。

正式に住民請願として提出するためには、2012年6月末までに2万人の署名を集めなければならない。さらに17万2000人の署名を集めると、市民投票に持ち込むことができる。同団体によると送電線は4億ユーロ(400億円)という試算だが、ヴァッテンファル社は20~

30億ユーロとしている。電力供給には送電線を買い取らなくてはならないため、資金調達が大きな課題だ。ヴァッテンファル社は供給権を失うと大きな損失になるとあって、激しく抵抗している。

市民グループが買い取らなくても、既存の自然エネルギーの会社と提携することで、環境にやさしい電力モデルを実施することも可能である。たとえばヘッセン州のハッタースハイム市は2012年1月、再生可能エネルギーエージェントにより「今月のエネルギー自治体」に選ばれた。自然エネルギー会社「ナチュアシュトローム」が4年前から市に電力を供給しており、幼稚園にソーラーパネルを設置するなど協力してきた。同社は98年に環境団体の代表ら16人が集まってつくった会社で、取り扱い電力の6割をドイツ国内から、4割をオーストリアから調達している。

ハッタースハイム市は、ナチュアシュトロームからの電力を購入することで、年間400トンのCO_2を削減しており、公共施設に設置したソーラーパネルで年間総計12万キロワット時を生産している。以前に市が購入していた既存の電力は原発由来の電気も入ったスタンダードなものだったが、ナチュアシュトロームの自然エネルギーよりも高かったという。このように、自然エネルギーだから高いとは限らない。利益を最大限追求するのか、原発のない社会をめざすのか、といった会社のポリシーが価格に大きく反映されている。

決まらない核廃棄物の最終処分場

核廃棄物の最終処分についてもめているのはドイツも同じである。北ドイツ一帯はかつて海だったため、あちこちに岩塩の層が埋まっている。そこに埋めて保管しようという案が有力とされているが、何万年も安全に保てるのか、専門家のあいだでも議論が分かれている。

北ドイツのニーダーザクセン州にある岩塩採掘場のゴアレーベンは、１９７７年に低レベルから高レベルの核廃棄物の最終処分地と選定され、調査が進められてきた。しかし２０００年にシュレーダー首相率いるＳＰＤと緑の党の連立政権が、調査の暫定的停止を勧告。ゴアレーベンが本当に何十万年も安定した状態で保たれるのか、疑問が持ちあがったためだ。２０１０年にメルケル首相率いるＣＤＵとＦＤＰの連立政権で調査が再開されたが、候補地選定の過程が不透明だったため、新たに全国から候補地を探すことになった。ゴアレーベンの調査にはすでに莫大な費用をかけているとあって、政府の対応が批判を浴びている。

ゴアレーベンにはすでに核廃棄物の中間貯蔵所もあり、１９８３年に工事が終了したが、反対運動や法的問題により、使用開始は95年からとなった。ドイツの核廃棄物はフランスの再処理場ラハークで処理され、カストルとよばれる核廃棄物の保管・輸送用容器（キャスク）でゴアレーベン中間貯蔵所に搬入される。400度から200度に下がるまでここで保管し、いずれ最終処分場に移す予定だ。最終的に420個が収められる予定で、すでに113個入っている。1200キロの道のりを列車とトラックで運ぶ「カストル輸送」は96年に始まったが、毎回大規模な反対デモが起こっている。

同じくニーダーザクセン州にあるアッセでは、元岩塩採掘場を利用した中間貯蔵所に、95年までに中・低レベルの放射性廃棄物が搬入されたが、2010年、連邦放射線防護庁は12万6000個のキャスクすべてを搬出する計画を発表。地下水の流入があり、岩塩ドーム崩落が危惧されるなど安全性に問題があることが明らかになったためだ。

同じくニーダーザクセン州にあるコンラードはもともと鉄鉱石の坑道で、中・低レベル放射性廃棄物を保管すべく工事が進められている。早くても2019年以降の使用開始が予定されている。

旧東ドイツでは、元岩塩採掘場のモルスレーベンを最終処分地とし、1979年より低・中レベルの放射性廃棄物を搬入してきた。東西ドイツ統一後は連邦政府が管理を引き継ぎ、98年までに総計3万7000立方メートルの核廃棄物が収められた。現在閉鎖の申請をしている。

このように、最終処分場の候補地選定は決着がついておらず、ゴアレーベンも審査過程が不透明だとして再調査を迫られている。現在は北ドイツのニーダーザクセン州にいくつか候補地があるが、ダヴィット・マックアリスター知事も住民も根強く反対を表明している。

原発敷地内に保管されている核廃棄物の処理も問題だ。2012年の3月にはヴァッテンファル社のブルンスビュッテル原発で、核廃棄物を入れたドラム缶がさびによりぼろぼろになっているのが明らかになった。同原発は福島原発事故後に稼動を停止しているが、核廃棄物は30年前のもので、このたび容器を移し替えたさいに発覚した。本来なら1缶あたり2、3時間で済むところを8時間かかっていたことを、監査によって指摘されたのがきっかけだ。放射能漏れはないということだが、安全性が疑問視されている。ここには500もの低・中レベル放射性廃棄物のドラム缶が保管されている。他の原発にも同様の核のごみはあり、今後どのように処理していくかが課題だ。

ドイツの法律では、最終処分場が決まっていなければ原発は稼動できないことになっている。しかし70年代に「ほぼ決まったも同然だから、決まっているのと同じ」という見切り発車的な解釈で稼動を始めた。そして40年たった現在、いまだに決まっていない。処分地なしでの稼動は厳密には憲法違反である。これまで調査に費やされた費用はすでに莫大なものとなっており、政府は解決策をいまだ示せないでいる。

原発や核廃棄物処分場が子どもに与える影響

原発の周囲5キロに住む5歳未満の子どもは、ガンや白血病の発症率が通常より高い——。ドイツ連邦放射線防護庁（ＢｆＳ）が２００７年に報告書を発表したＫｉＫＫ調査（**Ki**nderkrebs in der Umgebung von **K**ern**k**raftwerken＝原発周辺の小児ガン）があらためて注目を集めている。これは１９８０年から２００３年の小児ガン統計をもとに稼動中の原発16基の周辺を調べたもので、原発５キロ圏内で５歳未満の小児ガン全体の発症数は統計的には48であるべきところ77、白血病については17であるべきところ37と、有意に高いことが明らかになった。

事故もなくただ稼動している原発の近くにいるだけで、ガンとなる危険性が高いという結果だ。同庁はこれまでの世界各国での調査を裏づけるものとし、「近くに住めば住むほど発症率が高いことが証明された」と発表し、低線量でも危険性があることを明らかにした。

この結果は激しい論争を巻き起こしたため、同庁は後日のプレスリリースで「原発と発ガンとの関連性は示唆されるが、証拠はない。議論が必要」と補足。原子力業界に近い放射線防護委員会（ＳＳＫ）は「この調査は方法的に弱いところが多々ある」との見解を示した。しかし、連邦環境省は２００８年「原発付近５キロ以内に住む子どもの小児ガンは統計的に見て多いという調査結果は正しい。しかし原発の放射性物質によるものだとは説明できない」とコメント。放射線防護庁は調査の信頼性について専門家に鑑定を依頼し、２０１０年9月、特性リスクの証明など結果の解釈に問題があるとしながらも、調査の実施方法と結果については妥当だと結論づけた。つまり放射能の影響という証拠はないが、原発周辺で子どものガンの発症率が高いのは事実なのである。これはドイツ政府の調査であり、信頼性は高い。ただ原発が稼動しているだけで、周囲の人々に害を与えつづけている。

▼ＫｉＫＫ調査の報告書（12〜18ページに英語で概要が記されている）
http://doris.bfs.de/jspui/bitstream/urn:nbn:de:0221-201003171939/4/BfS_2007_KiKK-Studie.pdf

核廃棄物の中間貯蔵所のあるゴアレーベン周辺で、女の子の出生率が有意に下がっているとの調査結果が２０１２年5月19日に公表された。放射線値は許容範囲内にもかかわらず、生まれるべき女の子が生まれていない。「低い放射線量でも、人体に影響があるのではないか」と議論を呼んでいる。

ドイツ環境支援協会（ＤＵＨ）がベルリンのチャリテ病院などの協力で実施した調査によると、「カストル輸送」が始まった96年以来、ゴアレーベンの周囲40キロ圏内で女の子の出生率が低下。統計的には生まれるべき女の子が１０００人、生まれていないという。放射線量は低いが、同病院の人間遺伝学のカール・スペアリング教授によると「放射線により父親のX染色体が傷つけられたため、女の子が生まれにくくなっているのだろう」と、核廃棄物と女子の出生率について関連づけている。チェルノブイリ事故のさいにも女の子が少なく生まれる傾向が見られたが、ゴアレーベンのように顕著ではなかったという。

この「失われた少女たち」の調査については、母親の年齢や子どもの数などデータが不十分だとの声もある。しかしニーダーザクセン州厚生省は2011年9月、カストル輸送開始以前は女子100人につき男子が101人生まれていたが、以後は女子100人につき男子が109人との調査を発表しており、女の子が減っているのは事実。全国平均は女子100人につき男子が105人だという。

調査では、女子の出生率低下とゴアレーベンの放射能について関連性がある証拠はないと強調している。しかし、クリストフ・ツィンク医学博士は「胎児は大人より放射線の影響を受けやすい。チェルノブイリのときの医学的な経験が活かせていない」と、放射線の許容値の設定に問題があると批判。ドイツ環境支援協会は、この件についてドイツ政府に究明を求めている。

欧州のなかのドイツの脱原発モデルと他国への影響

ドイツ政府は福島原発の事故を受け、2011年の夏に、2022年までの脱原発を決定した。政府は半年前に原発の平均12年の稼動延長を決めたばかりだったが、それを覆しての決定となった。つまり、ドイツは脱原発を決めたと海外からは騒がれているが、そもそも2022年までの脱原発は、2000年の赤緑政権（SPDと緑の党の連立政権）ですでに決められていたもの。2010年秋までは有効だったその決定に、ふたたび戻ったにすぎない。

しかし今回は、2000年に決めた脱原発と決定的な違いがある。政党を超えて政治家が合意したこと、そして国民全体の総意があることである。2000年の場合はSPDと緑の党の連立政権によるもので、キリスト教民主同盟（CDU）は積極的に賛同していたわけではないため、政権交代により覆されることが当時から危惧されていた。しかし今回は、福島原発の事故を受け、大規模な反原発デモがドイツ各地で起き、脱原発を求める声は国民の8割以上にのぼった。その結果、CDUのメルケル首相が自ら、旧型の原発の即刻停止を決めたのである。よって2000年のとき危惧されたように、別の政権によって決定が覆されるという事態は今後起こらないだろう。

政府は2011年7月、エネルギー政策の3本の柱を確認した。ひとつ目は温暖化ガス排出を1990年比で、2020年までに40％、2030年までに50％、2050年までに80〜95％減らすこと。ふたつ目は、再生可能エネルギーの割合を2020年までに18％、2030

年までに30％、２０５０年までに60％にすること。そして三つ目として、エネルギー利用の効率化を数値目標とし、２００８年比で、第一次エネルギー消費を２０２０年までに20％、２０５０年までに50％減らすことを掲げている。

ＥＵには27カ国が加盟しており、さまざまなエネルギー政策をとっている。14カ国に１３５基の原発があり、13カ国には原発がないが、ポーランドやリトアニアのように今後持とうとしている国もある。すでに原発を持ち、かつ脱原発を決めた国はドイツとベルギーしかない。ちなみに、ＥＵに所属せず原発を保有するスイスは、２０３４年までの脱原発を決めている。

フランスはＥＵ内の原発の３分の１以上を抱え、自国電力の約８割を原発で調達しているが、２０１２年５月に就任したフランソワ・オランド大統領は、原発依存を減らしていく方針だ。ポーランドは石炭発電が主力であり、95％を占める。しかしコスト高と温暖化ガス規制により、天然ガスや原子力による発電に傾きつつある。イタリアはＧ８で唯一、原発を持たない。しかし電力の１割ほどを海外から輸入しており、フランスからが多い。

イギリスは、２０２５年までに温暖化ガス排出を半分にする目標をもっている。そのため、原子力、再生可能エネルギー、化石燃料の組み合わせに加えてＣＯ２の貯留という方法で達成する計画である。古い原発は新しい原発で代替する予定だ。

このように国ごとに、原子力についての考えはさまざまである。エネルギー国内市場の発展、独占の解体、消費者保護、エネルギー効率化の標準化、気候保護や再生可能エネルギーのための共通目標の設定などが課題になる。

2007年にEUは「20－20－20目標」を立てている。すなわち2020年までに、温暖化ガス排出を1990年比で20％減らすこと、再生可能エネルギー比率を20％にすること、エネルギー消費を20％減らすことである。EUの目標は、各国での施策の指針となる。電力に関しては、新規参入への不公平を是正し、送電線使用条件を標準化し、送電会社と電力供給会社を分けることになっている。原発についてはEUレベルでの統一した政策はなく、共通の安全基準もない。せめて予防策を実施しようと、加盟国は圏内すべての原子炉についてストレステストを実施することで2011年5月に合意した。しかし、欧州全体がすぐに脱原発を決定するというのは考えにくい。

脱原発実現への道のりと問題点

ドイツは2022年までの脱原発を決めているが、その道のりには多くの課題が残されており、専門家のなかには実現を危惧する声もあがっている。

2012年3月に公開された再生可能エネルギーエージェントの調査によると、市民の94％

は再生可能エネルギー推進を重要だと考えており、75％が再生可能エネルギーの電気がよいと考えている。しかし実際に再生可能エネルギーを購入しているのは18％でしかない。20％は、現在は購入していないが、いずれは購入を考えている。乗り換えていない理由として、料金や乗り換えの手間もあるだろう。しかし最近は、再生可能エネルギーは原発など他の電気とほぼ同等の値段であり、場合によっては安いこともある。

再生可能エネルギーの強みは、石油や天然ガス、ウランのように他国から原料を輸入する必要がないところである。そして小型で分散化が可能なため、市民参加のチャンスである。再生可能エネルギーの補助金は、電気料金を通じて全消費者が負担していることになるが、市民の5分の4は歓迎している。また4分の1は現在の補助金が少ないと考えている。再生可能エネルギー法については市民の53％が満足している。

政府は近年、太陽光発電の買い取り価格を大幅に引き下げている。ドイツのソーラー技術は世界一といわれているが、買い取り価格引き下げで需要が減ったのに加え、安い中国製品に押され気味だ。たとえば、業界トップのソーラーワールド社は、昨年ドイツでは需要が高かったにもかかわらず赤字に転落。低価格競争の犠牲となった。ゾロン、ソーラーハイブリッド、ソーラーミレニウム、Qセルズなどソーラー関連会社の破産申告が相次いでおり、2007年にはドイツのソーラー関連企業の株価の時価総額は230億ユーロ（2兆3000億円）だったが、現在は30億ユーロを下まわっているという。

送電網の整備の遅滞も深刻だ。政府はドイツ沿岸の北海やバルト海で2030年までに、25ギガワット(2500万キロワット)の洋上風力発電所の建設を目標としている。しかし、ドイツエネルギーエージェントによると、目標実現には2020年までに総延長3600キロの高圧電線を建設する必要があるという。送電会社が建設するべきだが、総額150億から200億ユーロ(1・5~2兆円)かかると試算されており、担当のテンネット社は55億ユーロしかないと政府に助けを求めている。すでにドイツの北海沿岸に建設された風力発電の電力が、発電量が多すぎてパンクの恐れがあるため送電線に送れないという事態がときどき起きている。この損失は何万ユーロにものぼるといわれる。高圧電線の設置は時間がかかるため、政府の長期的なスパンでのエネルギー政策が鍵となる。

脱原発政策により2011年に原発8基が停止となったことで、所有各社は収入を減らした。ドイツ最大のイーオン社は、ドイツの脱原発とイタリアとスペインでの業績不振により、はじめて赤字に転落。22億ユーロ(2200億円)の赤字を計上し、大量解雇を予告している。業界第2位のRWE社も2011年は34%の減収となった。4位のヴァッテンファル社は原発2基の停止による損害は1日100万ユーロ(1億円)になるとして、損害賠償を求めてドイツ政府を訴えている。日刊紙『タッツ』によると、脱原発により「所存財産の価値が損なわれたた

大型風力発電装置の巨大な羽根を受ける軸の部分（ハノーファーの工業見本市にて）

め」という。

ドイツの脱原発政策は、小型で分散型の発電を促すものではなく、一極集中型モデルから抜け出せていないといわれる。これまで原発は確実な収益を電力会社にもたらしてきたが、脱原発が決まったいま、電力会社はそれに代わる大型発電所を建設したいと考えている。陸上よりもコスト高となる洋上風力発電や、天然ガスによる火力発電がそれである。稼動延長にしろ、脱原発にしろ、電力会社の協力が欠かせない。連邦政府で議決されれば、それにともなう法的整備も必要である。電力会社は欧州レベルでドイツ政府を訴えることもある。

省エネを進めるには、無駄のない電力供給が必要となる。そのためドイツ経済技術省は「Eエネルギー」と称し、スマートグリッドやインターネットを使って電力の需要と供給にフレキシブルに対応するシステムについて調査を進めている。環境省と協力し、国内6カ所をモデル区域に指定。各家庭で電力消費量を確認することで電力消費のピークをずらしたり、風力や太陽光など自然エネルギーを導入し、効率的な発電と消費を実現したいとの考えだ。

そのひとつ北ドイツのクホハーフェンでは、2008年より2012年末まで、プロジェクト「eテリジェンス」を実施している。消費者、電力会社、送電線所有社が参加したプロジェクトで、電力の安定供給とともに経済性を追求。風力発電やコジェネレーションによる電力が供給され、事業用冷凍庫、プール、下水処理場などがある。650ある世帯には電力消費量と

ガラスの代わりになる、透けるソーラーパネル。フラウエンホフ研究所で開発中

コストを把握することができる機器が支給されており、電力のピークを自分でずらすことができる。たとえば全体の電力消費量が増える時間に、家庭で洗濯機や乾燥機の使用を控えることによって節約になるのである。

他都市のプロジェクトでは、各世帯にiフォンを配布し、それにより電力消費が確認できるようになっているところもある。政府機関である環境意識マネジメントのための組織（BAUM）のルードヴィヒ・カーク氏は、「はじめて交通信号が導入されたとき、人々はこんなもの必要ないと言った。ところが現在では、信号なしの交差点は考えられない。スマートエネルギーもそうなるだろう」と話し、この技術により事業所で2割、一般家庭で1割の省エネが可能だとしている。

脱原発、気候保護、再生可能エネルギー推進を同時に進めるには、再生可能エネルギー推進の法的整備をし、エネルギーシフトをしようとしている「ドイツモデル」が参考となる。ドイツが成功すれば、他国が追随する動きも出てくるだろう。その意味でもドイツが本当に脱原発、再生可能エネルギー推進を成功させるのか、多くの人が見守っている。

COLUMN

ソーラーハウスで子どものときから体験授業

北ドイツにある総合学校ミューレンベルク校の高校生クラブが、子ども向けのソーラーハウスを開発した。子どもたちが楽しみながら太陽エネルギーについて学べるよう工夫されており、人気を集めている。

このソーラーハウスには、屋根の上のソーラーパネルとソーラーコレクターが設置されている。パネルに光が当たると電力が作られ、家の中のラジオやテレビ、扇風機がつく。電力消費量の違いが3段階で表示され、どの器具を使うと消費量が多いか一目でわかる。太陽の光が弱いと、扇風機の回りが遅くなったり、インターホンが使えなくなり、効果を実感できる。ソーラーコレクターは黒いホースの中に水が入っており、太陽熱がホースを温め、お湯をつくる。

開発したのは「キッズのためのサイエンス」というクラブで、30人ほどが所属。6年かけて完成させた。卒業していった生徒もいるから、あわせて60人ほどが開発にかかわったことになる。部品は、市販品だけでなく、実際に工具やはんだを持って手づくりするなど、生徒たちの知恵と技術を結集した。

同クラブは、すでに小学生用と幼稚園児向けのソーラーキットも開発しており、ソーラー

太陽エネルギーについて学べるソーラーハウス

ハウスはその集大成。小学生用ソーラーキットは市内の学校に貸し出し、授業で活用してもらっている。小学生用には配電ケーブルにプラスとマイナスがあるが、幼稚園児用では差し込みひとつで接続できるようプラスとマイナスの電源をひとつのケーブルにまとめた。キットでは、ソーラーパネルをプロペラやスイッチ、電球、充電池にケーブルで結ぶ。パネルは3枚あり、好きな数だけつなぐ。パネルの数によってプロペラの回転速度が変わり、省エネ電球は明るくても通常の電球は暗いなど、わかりやすい。自分たちで試しながら実験できるとあって、園児たちは夢中になっている。担当教諭のインゴ・メーンリッヒは「これなら小さい子どもでも安全に扱うことができる。ソーラーの可能性を体験してほしい」と話し、完成を喜ぶ。

メーンリッヒはハノーファー市学校生物センター（152ページ）で、他の教諭向けに、太陽の熱や光についての体験授業の指導もしている。太陽については、熱の吸収率や太陽系の成り立ち、発電のしくみなど、子どもの年齢にあわせて多様な授業が可能で、メーンリッヒは「福島原発の事故をきっかけに、エネルギーについて興味をもつ子が増えた。なかには自分でいろいろ調べている子もおり、授業で討論するなど盛り上がっている」と話し、ソーラーをはじめとしてエネルギー分野にますます力を入れている。

子どもも楽しく学べるソーラーキット

あとがき

福島の原発事故直後、あちこちで見知らぬ人から声をかけられ、日本人かと訊かれました。みな心底心配していました。1年が経ち、報道はずいぶん減りましたが、日本の全原発が5月に停止したことや、その後の再稼動についてはこちらでも大きく報道されました。私の住むハノーファーは広島市と姉妹都市のため、「日本は被ばく国なのに、なぜ原発を推進するのか」との疑問もよく聞きます。

2008年にドイツで作られたドキュメンタリー「シェーナウの想い（Das Schönauer Gefühl）」を、日本各地で上映する動きが広まっています。市民運動から電力会社設立への過程や現在の取り組みがまとめられており、当時の背景もわかります。シェーナウ電力会社はドイツ語版DVDを無償で希望者に配布しています。有志の方々が日本語字幕をつけたDVDは、シェーナウの活動を知りたい、知ってほしいという団体や個人により、全国で草の根の上映会が開かれています。これまで200回以上開かれ、「勇気をもらった」「ドイツでできたのだから、日本でもできるのではないか」との感想が聞こえてきます。

ドイツと日本では法的枠組みも文化的背景も違いますが、電力市場自由化以前に成功したシェーナウの取り組みは、日本で自然エネルギーを推進する人たちの大きな励みとなるでしょう。

今年6月、東京や松本市での上映会に参加し、ドイツの脱原発事情についてお話しさせていただく機会を幾度か得ました。そのさい、日本でも脱原発が可能だと思うかと訊かれ、「もちろんです」と即答しました。ほとんどのドイツ人もそう思っているでしょう。ドイツでできるのだから、技術大国の日本でできないわけがない。「あんな事故があったのに、どうして原発から脱却しないのか」と心底不思議に思っています。

ご多忙のなか取材に応じてくださったウルズラ・スラーデクさんをはじめ、シェーナウ電力会社の方々に心より感謝しています。他にも取材に協力してくださった市民や他の電力会社の方々、そしてこの本の執筆を依頼してくださった大月書店の岩下結さんにもお礼申し上げます。

2012年7月、電力市場の市民参加と自然エネルギーが増えることを願いつつ

ドイツのハノーファーにて

田口理穂

原子力に反対する100個の十分な理由(抄訳)

100 gute Gründe gegen Atomkraft
www.100-gute-gruende.de

シェーナウ電力会社が作成した冊子「原子力に反対する100個の十分な理由」の日本語訳をもとに、各項目の見出しおよびリード文のみを収録しました。

原文では各項目について詳しく説明されているので、興味のある読者は同社のウェブサイトから日本語版をダウンロードしてみてください。

収録を快諾いただいたシェーナウ電力会社のウルズラ・スラーデクさん、日本語訳作成に携わった協力者の皆さんに深く感謝します。

燃料とウラン採掘

#1
依存
すべてのウランは輸入されなければならない。

#2
強制移住
ウラン産出は数多くの人びとの生活基盤を破壊する。

#3
水の浪費
ウラン採掘は貴重な飲料水を奪う。

#4
放射能の汚泥湖
ウラン鉱山業からの強毒性の汚泥は、住民と環境を脅かす。

#5
鉱山によるガン
ウラン鉱山業はガンを引き起こす。

#6
死の大地
ウラン採掘は死の大地を生み出す。

#7
高価な汚泥
ウラン採掘跡地の汚染処理には数億ユーロの費用を必要とする――そもそも、それが可能であればの話だが。

#8
ウランの欠乏
ウラン鉱山はすでに20年来、原子力発電所の需要を満たせていない。

#9
埋蔵量の限界
ウラン埋蔵量は、わずか数十年のうちに枯渇する。

#10
ウランの輸送
六フッ化ウランが絡む事故は破局的な大惨事を招きかねない。

#11
プルトニウムの輸送
核燃料棒の製造のために毎年何トンもの純粋な、兵器になりうるプルトニウムがヨーロッパの道路を走りまわっている。

安全基準と健康被害

#12
ガンの危険性
原子力発電所は子どもだけを病気にするわけではない。

#13
汚染物質の排出
原子力発電所は大気へ、水中へと放射性物質を排出している。

#14
欠陥ある安全基準
放射線防護の安全基準は放射線による被害を甘んじて受け入れている。

#15
低線量の放射線
低線量の放射線被ばくは、公的な想定よりも危険だ。

#16
トリチウム（※）
原子力発電所からの放射性廃棄物は、DNAにまで組み込まれる。
※放射性水素

#17
河川の高温化
原子力発電所からの温排水は魚から酸素を奪う。

#18
放射能の汚れ仕事
原子力発電所では何千人もの非正規労働者が汚れ仕事を処理している──多くの場合、放射線防護の安全措置が十分でないまま。

#19
自己防衛
原子力発電所を運営する電力コンツェルンの上層部のエリートは、私生活において自身は原発から大きく離れたところで生活している。

#102
チェルノブイリ
チェルノブイリの原子炉事故は数え切れないほど多くの人びとの生活を破壊した。

＋

事故と大災害のリスク

#20
安全性の欠陥
ドイツにある17基の原子力発電所のうちひとつとして、今日では営業許可を得られない。

#21
老朽化のリスク
原子力発電所を使えば使うほど、事故の危険性は増大する。

#22
報告義務のある事故・故障
3日に1度はドイツの原子力発電所のどこかで、「安全性にかかわる」事故・故障が発生している。

#23
スペア不足
原子力発電所での修理作業においては、簡単に新たなミスが発生する。

#24

石器時代の技術

30年前の技術とは、一言で言うと、廃棄するにふさわしい。

#25

地震の危険性

原子力発電所は十分に地震対策がなされていない。

#26

航空機墜落

原子力発電所は航空機の墜落に対して守られていない。

#27

すでに倒れゆく新型原子炉

新型の原子炉でさえ、安全でない。

#28

保険

車50台分の保険の補償額のほうが、1基の原子力発電所の保険よりも手厚い。

#29

破局的な大災害

破局的な大災害は、今日にでも起こりうる。

#30

安全性ランキング

ドイツの原子力発電所の安全性は、あろうことか国際比較で低い。

#31

悪天候

単に嵐が来ただけで事故の危険性が高まる。

#37

数百万人ものガン発症

ドイツの原子力発電所における破局的な大災害発生の際には、数百万もの人びとが著しい健康被害を覚悟しなければならない。

#36

チェルノブイリより悪い事態

ドイツの原子力発電所で破局的な大災害が発生すると、それはチェルノブイリ事故よりも大きな被害が出る。

#35

スパゲッティ配線

原子力発電所における電気系統のトラブルは日常事であり、それは深刻な結末をともなう可能性もある。

#34

ホウ酸（※）

原子力発電所を稼動する複数の事業者は、長年にわたって組織的に稼動の際の法令規定を無視している。

※緊急冷却システムに必要なホウ酸の濃度が法令で定められている。

#33

人為的なミスのリスク

人間はミスをする──それは原子力発電所では致命的となる。

#32

金の亡者

原子力発電所において迷ったときの判断基準は安全より利益優先──それが爆発事故の後であっても。

#38
故郷の喪失
破局的な大災害の際には、数千平方キロメートルの区域に永続的に人が住めなくなる。

#39
避難
ある地域全域の数時間以内での避難は不可能である。

#40
ヨウ素剤不足
ヨウ素剤を入手するために外出しなければならないのであれば、それは役に立たない。

#41
経済の崩壊
破局的な大災害は、国民経済の崩壊を招く。

＋

#103
原子炉内のフェルト
剝離した断熱材が原子炉の冷却配管を塞ぐ。

#104
貝と葉
ほんの少しの植物片でさえ、原子炉のメルトダウンの原因になる。

#105
現場での手抜き工事
フィンランドの原発工事現場では、（工事中の落盤事故のあった）ケルン地下鉄の工事現場よりもひどい状態が続いている。

#106
非常な勢いで増加する亀裂
原子力発電所の重要な配管に、誰ひとり気づくことなく亀裂が走る。

#107
安全追加対策
キリスト教民主同盟（CDU、保守大政党）でさえ、内部では古い原発の安全追加対策は解決不可能であることを認めている。

核廃棄物と処分

#42
核廃棄物の山
原子力は大量の核廃棄物を生み出す。

#43
処分という嘘
これまで核廃棄物はただの1グラムとして無害に処分されていない。

#44

技術面の未解決問題

高レベル放射性廃棄物の最終処分は、技術面ですら解決されていない。

#45

100万年

核廃棄物とは100万年にわたる放射線危害である。

#46

放射性廃棄物処分場アッセII

放射性廃棄物の試験処分場アッセは、20年と経たないうちに水没しようとしている。

#47

最終処分場はない

世界を探してもこれまでに、安全な高レベル放射性廃棄物の最終処分場はひとつとして存在しない。

#48

聖フロリアヌスの原理（※）

誰ひとりとして核廃棄物を歓迎しない。

※問題をよそに押し付ける行動様式、政治手法のこと。

#49

キャスクの嘘

核廃棄物の容器は十分に検査されていない。

#50

再処理工場の嘘（その1）

いわゆる使用済み燃料からの再処理は、核廃棄物からより多くの核廃棄物を作り出す。

#51

海岸線の核廃棄物

再処理工場は、放射性物質の拡散装置である。

#52

再処理工場の嘘（その2）

フランスとイギリスの再処理工場には、いまだにドイツからの膨大な量の核廃棄物が保管されている。

#53

モアスレーベンの核廃棄物の山

旧西ドイツの原子力コンツェルンは、核廃棄物を旧東ドイツのモアスレーベンの処分場に平然と廃棄した。

#54

コンラート坑道の核廃棄物の山

ザルツギッター市の真下に865キログラムのプルトニウムが処分される予定。

#55

中間貯蔵施設

高レベル放射性廃棄物は、少し設備を追加したジャガイモ貯蔵庫並みの倉庫に置かれている。

#56

使用済み燃料のキャスク

キャスクは放射線を遮断しない。

#57

短時間の核廃棄物処理

核廃棄物が入ったキャスクは、公式には40年間の耐久性があるという。

#58

専門家の口封じ

ゴアレーベンを最終処分場にするためにドイツ政府は、地質学者たちの口を封じた。

#59

ゴアレーベンの浸水

ゴアレーベンの岩塩採掘跡地にも地下水が出る。

#60

核廃棄物は最終処分場を破壊する

放射線は岩塩を脆くする。

#61

花崗岩層の亀裂

核廃棄物の処分には、花崗岩層でさえ動きすぎる。

#62

放射線の料理鍋

原子力発電所から鍋ができる。

※法令の緩和により、原子炉を解体した瓦礫の大部分は家庭ゴミと同様に処分やリサイクルが可能になった。

#63

ロシアに押し付ける核廃棄物

グローナウ市のウラン濃縮プラントは発生する核廃棄物をロシアに押し付けている。

#64

幻想曲風に――月光ソナタ

月は遠く離れすぎている。

※当初、核廃棄物の処理方法は海や砂漠、北極の氷の中に埋めるなどのほか、宇宙空間や月に打ち上げるという案もあった。

#65

核の錬金術

核変換（※）も核廃棄物問題を解決しない。

※中性子を利用して放射性物質を別の物質に変換する技術。コスト、安全性、技術的な実現可能性の面で疑問が残る。

＋

#108

冷戦

ゴアレーベンはニーダーザクセン州の旧東ドイツに対する復讐であった――漏水するモアスレーベン最終処分場への。

#109

地下に隠された死体

核廃棄物処分場アッセに、原子力産業は放射線で死亡した労働者の遺体の一部を処分した。

#110

見せかけの調査

ゴアレーベン岩塩採掘跡地の「調査」は、最終処分場建設のためのカムフラージュにすぎない。

#111
殺しのライセンス
核廃棄物の最終処分場は、密閉されていなくても良いと環境省は決定した。

#112
破裂するガラス固化体
ガラス固化された核のスープは破裂しうる。

#113
ご都合主義
ゴアレーベン岩塩採掘場跡の上にはそれを守る粘土層が存在しないとわかるや、最終処分場にはそのようなものは必要ないという。

気候保護と電力供給

#66
安定供給
原子力発電所は安定供給をしているわけではない。

#67
過剰生産
原子力発電所は無駄が多い。

#68
温室効果
原子力からの電気はＣＯ２フリーではない。

#69
気候保護
原子力は気候を救わない。

#70
非効率
原子力とは、純粋にエネルギー浪費のことである。

#71
電気の浪費
原子力は電気の浪費を促進する。

＋

#114
核融合という幻想
核融合は今日すでに活用することができる――ソーラーエネルギーの形で。それ以外のすべては時間と金がかかりすぎる。

権力と利権

#72
補助金
原子力開発部門は数十億ユーロ規模の補助金を得ている。

#73
非課税の燃料
ウラン消費は非課税である。

#74

非課税の内部留保

原子力コンツェルンは、数十億の収入に対して税金を払う必要がない。

#75

ドイツの研究分野の阻害

核関連施設の廃墟のために数十億の研究費を費やしている。

#76

脱原発先送りの利益

脱原発の期限延長で利益を得るのは電力コンツェルンのみである。

#77

電気料金

原子力発電による電力が、電気料金を高騰させている。

#78

市場で生き残れない

新規の原子力発電所は採算が取れない。

#79

コンツェルンの権力

原子力は、エネルギー供給の中央集権構造と巨大電力コンツェルンの権力を強固にする。

自由と民主主義

#80

自由の剥奪

原子力は私たちの自由を奪い、私たちの基本的人権を制限する。

#81

生存権

原子力は生存権を侵害する。

#82

警察の暴力

原子力反対の抗議活動を阻止するために国家は暴力を行使する。

#83

50年間の争い

原子力は、数十年にわたり社会を分裂させる。

#84

コンツェルンによる政治

電力コンツェルンの政治への影響力が大きすぎる。

#85

国民の白痴化

「原子力がなければ電気が消える」という作り話を、電力コンツェルンは30年以上も語り続けている。

#86

望ましくないこと

誰も原子力発電所の隣に住みたくない。

#87

倫理

原子力の利用は倫理に反する。

#115

法の保護なし

未来の世代は、法によって核の危険から保護されない。

＋

戦争と平和

#88

偽装プログラム

原子力の平和利用と軍事利用は切り離せない。

#89

高速増殖炉

高速増殖炉は、核兵器拡散の危険を累乗的に増大させる。

#90

汚い爆弾

核施設から出る放射性物質は「汚い爆弾」のために悪用されうる。

#91

攻撃の標的

原子力発電所は、攻撃の標的である。

#92

劣化ウラン弾

ウラン濃縮の過程で生じる放射性廃棄物は、劣化ウラン弾になる。

#93

ウランをめぐる抗争

原子力産業のウランへの渇望は、新たな争いを煽りたてている。

＋

#116

キャンパス内の爆弾の原料

ミュンヘン工科大学は兵器になるウランをため込んでいる――大学の研究炉の燃料として。

エネルギー革命と未来

#94

再生可能エネルギー

100%再生可能エネルギーによるエネルギー供給は可能である。

#95
相容れない関係
原子力と再生可能エネルギーは共存できない。

#96
投資の障害
原子力は、イノベーションと投資の妨げとなる。

#97
2%のテクノロジー
原子力は、特筆に値するようなエネルギー供給を担えない。
※世界のエネルギー需要のうち、原子力がまかなえるのは2%程度という。

#98
時代遅れの遺物
原子力は世界中で時代遅れの遺物である。

#99
雇用
原子力は雇用を脅かす。

#100
エネルギー革命
原子力はエネルギー革命を阻害する。

そして

#101
あなたの意見は正しい!
あとは、あなたの意見が抜けています。

追伸――日本における原発事故について

日本の原発の破局的な大事故は、原子力をコントロールできないことを明らかにした。

津波や原発事故によりいつ帰れるかわからないまま故郷を離れなければならない方、健康やもしかしたら命までも犠牲にして最悪の事態を防ごうとしている技術者や作業者の方、そしてもちろん地震の影響を大きく受け、追加で放射能汚染に怯えなければならない日本の市民の方など、日本のみなさんを思い心を痛めています。20年以上前からシェーナウ電力会社は、チェルノブイリ原発事故の被ばく者を支援しており、このような事故が人間に想像できない苦しみを与えることを知っています。

原子力エネルギーの危険性についての多くは知られています。現在、日本からの情報は非常に限られています。WWW.100-GUTE-GRUENDE.DE は日本の状況を調査し――信頼できる情報源が見つかったなら――そこから導き出された知見により新しい理由をまとめる予定です。日本の状況に関しては100の理由のうち、とりわけ以下を参照してください。

#18 放射能の汚れ仕事/#25 地震の危険性/#28 保険/#29 破局的な大災害/#31 悪天候/#34 ホウ酸/#36 チェルノブイリより悪い事態/#38 故郷の喪失/#40 ヨウ素剤不足/#66 安定供給/#81 生存権/#87 倫理/#102 チェルノブイリ

〈政府および公的団体〉

ドイツ連邦政府	www.bundesregierung.de
連邦放射線防護庁	www.bfs.de
連邦環境省	www.bmu.de
連邦経済技術省	www.bmwi.de
連邦系統規制庁	www.bundesnetzagentur.de
連邦統計庁	www.destatis.de
バイエルン州環境省	www.lfu.bayern.de
連邦環境庁	www.umweltbundesamt.de
再生可能エネルギーエージェント	www.unendlich-viel-energie.de

〈新聞・メディア〉

『ハノーファーアルゲマイネ』(新聞)	www.haz.de
『ヴェルト』(新聞)	www.welt.de
『ツァイト』(新聞)	www.zeit.de
『バーデン』(新聞)	www.badische-zeitung.de
『シュピーゲル』(週刊誌)	www.spiegel.de
ウィキペディア	www.de.wikipedia.org

※本文中の写真のうちクレジット(©)表示のないものは著者撮影

参考資料

書籍など

Bernward Janzig　“Störfall mit Charme”, Doldverlag, 2008
Bernward Janzig　“Solare Zeiten”, Picea Verlag, 2011
Sascha Adamek　“Die Atom-Lüge”, Wilhelm Heyne Verlag, 2011
“Aus Politik und Zeitgeschichte”, Bundeszentrale für politische Bildung, 46-47/2011
“Schönauer Strom-und Energiespartipps”, Bund der Energieverbraucher e.V., Elektrizitätswerke Schönau Vertriebes GmbH

映像作品

『シェーナウの想い』“Das Schönauer Gefühl”, FuSS e.V., 2008
『雲―チェルノブイリとその後』“Die Wolke―Tschernobyl und die Folgen”, Arte, 2011

ホームページ

〈民間団体および企業〉

シェーナウ電力会社	www.ews-schoenau.de
グリーンピース・ドイツ	www.greenpeace.de
ナチュアシュトローム社	www.naturstrom.de
エコテスト	www.oekotest.de

著者
田口理穂（たぐち・りほ）
ジャーナリスト，ドイツ語通訳。信州大学人文学部心理学科卒，地方紙記者を経て1996年よりドイツ・ハノーファー在住。州立ハノーファー大学社会学修士。「オルタナ」「クーヨン」「WEBRONZA」などさまざまな媒体でドイツの環境や社会情勢について執筆。エコツアーや視察のコーディネートもおこなう。共著に『ニッポンの評判』『「お手本の国」のウソ』（ともに新潮新書）。

編集—岩下結
組版—岡田グラフ
デザイン—後藤葉子

市民がつくった電力会社
ドイツ・シェーナウの草の根エネルギー革命

2012年 8 月24日　第1刷発行
2013年 4 月15日　第3刷発行
定価はカバーに表示してあります

著　者　田口理穂
発行者　中川　進

〒113-0033　東京都文京区本郷 2-11-9
発行所　株式会社　大月書店
印刷　精興社
製本　中永製本
電話（代表）03-3813-4651　FAX 03-3813-4656　振替00130-7-16387
http://www.otsukishoten.co.jp/

ISBN978-4-272-33076-8 C0036　Printed in Japan